科普通鉴

23 航天历程

KEPU TONGJIAN

HANGTIAN LICHENG

丛书主编 李建中

丛书副主编 谈朗玉 李大东 张令朝

本卷主编 周 武

中国科学技术出版社

河南科学技术出版社

图书在版编目（CIP）数据

航天历程/周武主编．—郑州：河南科学技术出版社，2013.10
（科普通鉴/李建中主编）
ISBN 978－7－5349－6590－6

Ⅰ.①航…　Ⅱ.①周…　Ⅲ.①航天－普及读物　Ⅳ.①V4－49

中国版本图书馆 CIP 数据核字（2013）第 227541 号

出版发行：中国科学技术出版社
地址：北京市海淀区中关村南大街 16 号　邮编：100081
电话：（010）62106522
网址：www. espbooks. com. cn
河南科学技术出版社
地址：郑州市经五路 66 号　邮编：450002
电话：（0371）65737028
网址：www. hnstp. cn
统筹编辑：尚伟民　蒋云鹏　徐　涛
策划编辑：李喜婷　冯　英
责任编辑：司　芳
责任校对：李义坤
封面设计：赵　钧
版式设计：赵玉霞
责任印制：朱　飞
印　　刷：郑州金秋彩色印务有限公司
经　　销：全国新华书店
幅面尺寸：185 mm×260 mm　印张：12　字数：211 千字　彩插：16
版　　次：2013 年 10 月第 1 版　2013 年 10 月第 1 次印刷
定　　价：32.00 元

《科普通鉴》丛书

《科普通鉴·航天历程》编委会

主　编　周　武

副主编　闻扬扬

委　员　（按姓氏音序排列）

陈彩连　田如森　闻扬扬　夏　丹

薛　滔　杨　建　周　武

序

科技是人类智慧的伟大结晶，创新是文明进步的不竭动力。

回首文明历程，是科技之光涤荡了人类历史上蒙昧的阴霾，是科技之火点燃了人类心灵里求知的火焰，是科技之灯照亮了人类发展中光辉的前程。科学技术的每一次重大突破，每一项发明创造的诞生，都使人类对客观世界的认识发生质的飞跃，都使人类改造世界的能力得到革命性的提升。18 世纪后的几百年，是科学技术突飞猛进的历史时期。数学、物理、化学、天文学、地学和生物学等各个领域的研究均取得了空前成就，并引发了一次又一次重大理论革命，其中，最具划时代意义的莫过于牛顿力学、相对论和量子力学的创立。与此同时，深刻改变人类生存状态和生产、生活方式的发明创造也纷纷问世。在不计其数的发明、发现中，蒸汽机、电话、火车、汽车、医用 X 光片、青霉素、DNA 双螺旋结构、火箭、阿波罗 10 号太空舱、计算机等无疑是改变世界的重大发明、发现与创造。

放眼新的世纪，科技已经成为推动经济社会快速发展的主导力量和创造社会财富的主要源泉，成为国家间、区域间竞争的核心和推动未来发展的决定性力量。为了在竞争中取得优势地位，各国、各地区，特别是发达国家及地区都高度重视科技创新和发展。在此背景下，全球创新浪潮此起彼伏，科技发展日新月异，创新成果大量涌现。人类基因组序列图完成、细胞重新编程技术、人类最早祖先确定、宇宙存在暗物质的猜想被证实、干细胞研究的新进展、纳米技术研究的新突破、欧洲强子对撞机启动、人类探测器创最远纪录和七大数学难题之一——庞加莱猜想被证明等被认为是近十年来取得的最具科学价值，并可能对人类生存与发展产生重大影响的重大科技成就。

在人类文明的历史长河中，科学技术虽然得到了空前发展，取得了辉煌成就，但在前进的道路上依然有无数难题等待我们去破解，众多未知世界等待我们去认识。随着人口数量的急剧增加，自然资源的逐渐枯竭和生态环境的日益恶化，人类正面临前所未有的生存挑战和危机。毫无疑问，应对挑战、解决危机，只有依靠科技的不断创新与发展。在可以预见的未来，为了拓展生存空间，提高生存质量，必将掀起一场以信息科技革命为先导、新材料科技为基础、生命科技为核心、新能源科技为动力、海洋科技和航天科技为内拓和外延的新的科技创新浪潮。伴随新一轮科技创新浪潮的到来，新的发明创造也必将与日俱增。有科学家预言，未来百年，人体器官克隆再造、灭绝动物复活、战胜癌症、建造星际飞船和太空电梯等梦想可能变为现实。

当前，亿万中华儿女正在为实现中华民族伟大复兴的“中国梦”而努力奋斗。实现这一百年梦想，关键在于弘扬创新精神，增强创新能力，加快创新步伐，让科技之花在创新中萌芽，在创新中成长，在创新中绽放。

发达国家的经验昭示我们，加快科技创新，提高科技水平，既要依靠科技精英们的刻苦攻关，发明创造，也有赖于公民科学素质的普遍提高。有调查显示，我国公民的科学素质水平较发达国家差距甚大，与走中国特色的自主创新之路、建设创新型国家的要求相去甚远。为尽快提升我国公民的科学素质水平，从2006年起我国启动了旨在推动公民科学素质建设的全民科学素质行动计划，希望到2020年，公民科学素质在整体上有大幅度提高，达到世界主要发达国家21世纪初的水平。

科普图书是展示科学技术的重要窗口，是普及科技知识的重要载体，也是传播科技文明的重要途径。国内外都十分重视科普图书的创作出版。在琳琅满目的科普图书作品中，不乏影响深远的精品力作。这些作品为传播科技文明、普及科学知识做出了历史性贡献。时代在进步，科技在发展。紧跟时代步伐，把握科技动态，繁荣科普创作，不断创作出版符合时代特点、反映当代科技发展水平的科普图书精品，不仅是加强公民科学素质建设，提升公民科学素质的迫切要求，也是科技界有识之士的共同心声。

科学技术协会是新中国科普事业的主要开创者和推动者。在开展公民科学素质建设，提高公民科学素质水平的历史进程中，肩负着重要责任和神圣使命。我们组织编写的这部《科普通鉴》丛书既是履行"责任"和"使命"，也是对科技界有识之士呼声的积极响应。

20世纪中叶以来，科学技术进入了多科交叉、互为渗透、综合发展的历史时期，形成了学科林立、知识纷繁的新格局。面对浩如烟海的科学世界，如何确定这部书的编写原则和选题范围是应当首先解决的问题。经与有关专家学者反复研究论证，我们确定了"通览科技文明，鉴取创新精粹"的编写原则，并确定从理、工、农、医和高新科技五大领域中选取26个公众关注度较高的热点选题，按26卷组织编写这部丛书。

面向具有中等以上文化程度的青少年、农民、城镇劳动者、城市社区居民、领导干部和公务员等重点人群，弘扬科学精神，传播科学思想，倡导科学方法，普及科学知识是编写本书的出发点和根本目的。考虑到读者对象年龄、职业、身份的多样性和对知识需求的差异性，本书着重介绍具有基础性、通用性、新颖性和前瞻性的知识，读者可以根据自己的需求或兴趣进行阅读；在阐述方法上尽可能做到重点突出，脉络清晰，尽可能融入人文精神，体现人文情怀，避免科技知识的简单介绍和罗列；在语言风格上力求文笔流畅，深入浅出，生动活泼，雅俗共赏，以达引人入胜的效果。

选择高水平的主编是编好这部丛书的关键。为此，我们发挥科学技术协会学会众多，学科齐全，人才荟萃，联系广泛的优势，面向省内外征集各卷主编候选人。最后经全面比较，优中选优，确定了各卷主编人选，为本书的编写出版奠定了坚实基础。在此我们谨向为本书主编遴选、编写、出版给予大力支持的河南省医学会、气象学会、农学会、地理学会、地震学会、地质学会、机械工程学会、反邪教协会和省气象局、郑州大学、河南大学、河南农业大学、河南工业大学、河南科技大学、河南中医学院、河南科技学院、河南轻工业学院、《太空探索》杂志社、河南科技报社、河南科技活动中心、中国科学技术出版社、河南科学技术出版社等学（协）会和单位表示诚挚的感谢！

作为一部多达26卷的大型科普丛书，其涉及领域广，学科多。在内容上为了尽可能避免交叉重复或矛盾冲突，在体例和语言风格上为了尽可能保持相对统一，我们制订了较为详细的编写方案，对各卷的内容范围和全书的体例风格做了必要界定和规范。但是，由于我们学识水平有限，统筹协调不够，编写时间仓促，加之一些担任主编的同志是首次承担科普类作品的编写任务，缺乏相应经验，所以，虽然付出了大量心血，个别卷仍然存在内容取舍不够得当，语言风格不够生动活泼等问题。这些缺憾，我们将在再版重印时加以修订改进。诚恳希望广大读者对本丛书的修订改进提出宝贵意见和建议，以便再版时提高质量。

河南省科学技术协会主席、党组书记　李建中

2013年6月

目　录

引言

遨游太空是人类亘古的梦想，嫦娥奔月、夸父追日、女娲补天的传说，敦煌壁画中的高飞入云的神女，无数星相学家凝望星辰的感悟笔录，都是古人飞天梦想的记录。20 世纪 50 年代出现的航天技术，开辟了人类探索外层空间活动的新时代。1961 年 4 月 12 日，苏联航天员尤里·加加林乘坐“东方”1 号飞船在环绕地球轨道一圈后安全返回地球，让人类的飞天梦想成真。从此，人类的活动领域从地球推向广阔无垠的宇宙。

从小心翼翼地叩开太空之门，到进入太空生活、工作和开展研究，这是一条荆棘满途的探索之路，充满了风险与挑战。运载火箭、载人飞船、航天飞机的结构十分复杂，零部件多达数万个，一个零部件不合格或发生故障，就可能造成事故。在载人航天的发展历程中，航天员们曾用他们的鲜血和生命谱写了一曲曲悲壮感人的乐章。50 多年来，已先后有 22 名航天员在人类探索与征服宇宙的道路上献出了宝贵的生命。

然而，失败并没有使人们气馁，鲜血的付出也没有动摇人类征服太空的决心。人们在吸取了一桩桩血的教训后，不断改进与升级航天器的结构，使它们更科学、更安全、更可靠，确保航天员的安全和航天任务的顺利完成。

在人类的航天梦里，没有国界。面对未知的宇宙，地球人是一个团队，即便是这团队之间也存在竞争，但这竞争无疑是在朝着互相促进的方向协作而行的。无论路途多么遥远，无论征程多么凶险，人类都锲而不舍地要挣脱地球的引力，亲身去投入到太空的怀抱中。

浩瀚的宇宙像一个巨大的宝库在吸引着人类的注意力。那里蕴藏着丰富的资源：高真空、微重力等环境可使人们办成在地球上办不到或难以办到的事情；取之不尽的太阳能，可以帮助人类摆脱地球上能源的危机；月球、小行星、火星等有望成为人类的新家园。载人航天进一步推动了人类社会生产的信息化、自动化、智能化。空间站时代的到来，标志着航天技术正从单纯的信息开发，向信息、材料和能源的综合开发过渡。空间材料加工、空间生物技术、空间诱导育种，以及未来可能实现的空间太阳能电站、月球资源开发等，为载人航天技术促进生产力的变革，提供了更加广阔的舞台。

可以预见，载人航天事业一定会越来越兴旺，一定会给人类的文明、社会的进步和世界经济的繁荣做出更大的贡献。

1 太空环境

当人们用肉眼看到闪烁的星光、模糊的星云，以及阴晴圆缺的月亮、一闪即逝的流星、拖着长尾巴的彗星时，总是对浩瀚的太空充满了无限的遐想。从唐朝诗人李白“俱怀逸兴壮思飞，欲上青天揽日月”的跃跃欲试，到宋朝词人苏东坡“我欲乘风归去，又恐琼楼玉宇”的惴惴不安，再到《西游记》里孙悟空一个“筋斗云”十万八千里的一飞冲天……都体现了人类对朗朗太空的好奇、向往和揣测。

1.1 入轨观感

“在飞船刚开始入轨的时候，舱内的东西都飘起来了。”我国首位女航天员刘洋在接受采访时这样描绘上天后的第一感觉。

刘洋说：“一瞬间，你看到旁边本来耷拉着脑袋的束缚带，突然间就像小草发芽了一样，摇摇摆摆起来了。我安定下来一看面前的仪表板，竟然是一种倒置或倾斜的状态。不对，它应该是正立的。这就是空间定向不准，心里明明知道它是直立的，看到的却是倾倒的。你要去调整自己的内心，人往往相信眼睛看到的东西，但在太空，眼睛看到的往往是错误的。这个是在地球没法完全模拟的（图1-1）。这种错乱的感觉让人很难受，所以大家看到刚入轨的时候，我们三个人的动作都特别慢，因为要去辨别、摸索，但是休息了一晚上之后，第二天就好了。”

刘洋描绘的就是飞船入轨时的失重现象。在失重状态下，人的血液和其他体液不像重力条件下那样惯常地流向下身。相反，下身的血液回流到胸腔、头部，

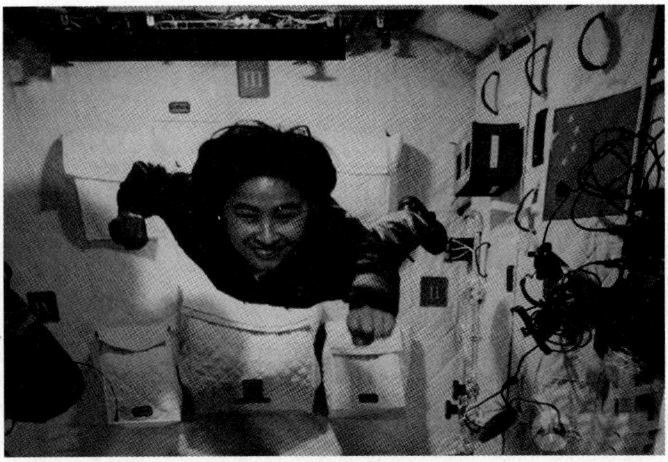

图 1-1　刘洋在天宫一号中

可引起航天员面部水肿，头胀，颈部静脉曲张，头痛，鼻咽部堵塞，身体质量中心上移。在最初几天，航天员还会生运动病，又名空间运动病，它类似于晕车时出现的出冷汗、恶心、呕吐、头晕等症状群。

在太空中待三个月后，一些航天员可能会出现肌肉萎缩，甚至会失去多达 30% 的肌肉块。回到地球后他们需要几个月的时间才能恢复正常。为了适应太空失重环境，航天员上天前要接受“卧床”训练，头倒立 -6 度，一练就是 20 天，体验头朝下时血液倒流的状态，而且吃喝拉撒都必须保持此种状态。此外还有“转床”训练，整个身体倾斜 -45 度，每天两小时，一个周期是 12 天。这种艰苦的训练，加上身上的航天服重 10 多千克，航天员们每次训练完都会掉 1.5 千克以上的体重，衣服能拧出几千克的汗水，甚至不敢再蹲卫生间。

上天后，地面负责监控的医生会通过实时医学监测、常规医学检查、医监询问、心理支持通话等手段，缓解空间运动病症状。中国航天员中心还把自主研制的中药“太空养心丸”随飞船带上太空，供航天员在轨期间服用。事物都有两面性，在零重力状态下，既有坏处也有好处。这种活动可以减轻背部疼痛，并改善血液循环。

失重不是重力为零，而是当时测量的重力小于实际重力。当近地物体的加速度方向向下时，其视重小于实际重力，我们就称其处于失重状态，当物体自由落体时就叫完全失重状态。飞船要环绕地球运行，必须达到一定的速度，这个速度称为第一宇宙速度，也叫环绕速度，在近地面高度时约为 7.9 千米/秒，如果轨道较高，速度可以适当降低。如图 1－2 所示，在较短的距离内，飞船的环绕运动可以看作是平抛运动，即飞船以一定的水平速度飞行，同时受到竖直向下的地球重力。当水平运动达到一定的速度时，由于地球是球体，表面具有一定的弧度，其下落的距离恰好可以符合地球的弧度时，飞船就可以做环绕运动了。而实际上，飞船在太空飞行，还是会受到一些极其稀薄的大气的影响，所以，这只是在做近似的平抛运动（近似的匀速直线运动和近似的自由落体的叠加），因此，飞船不是完全失重的，而是处于微重力状态。

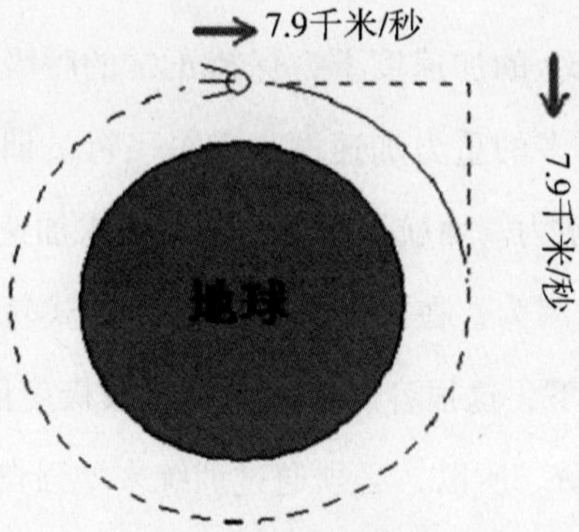

图 1－2 航天器围绕地球飞行原理

1.2 挑战加速度

对航天员来说，飞船升空后最大的考验便是要适应载人飞船升空和返回时的过载加速度。为此，他们在地面接受了残酷的“魔鬼训练”。

航天器在发射和返回的过程中，由于加速度的关系，会出现超重现象。通常采用 g^{*} 值的方法来表示。一个平时体重 50 千克的人在 $2g$ 的加速度环境中就成为 100 千克，$3g$ 的环境是 150 千克。承受过高的加速度对人体是有害的，甚至致命。

* g 为重力加速度，$g=9.8$ 米/秒^2。

我国首位航天员杨利伟返回地面后，电视台记者在对他进行采访时，有一段很生动的对话。

记者：当你乘坐飞船升空时，你有什么感觉？

杨利伟：感到有载荷，就是感到胸部受到压力。

记者：感到很难受吗？

杨利伟：还可以，不觉得很难受。我们平时训练时，这种过载可达到 $8g$，说得通俗一点，就等于有 8 个人压在你的身上。神舟飞船加速上升时，过载没有这么大。

在载人航天飞行训练中，“超重耐力”训练是对航天员自我极限的最大挑战。训练要求航天员在承受 $8g$ 的加速度下，保持正常的呼吸和思维能力。玩过山车时经历的最大刺激是 $2g$ 多的重力加速度。空军飞行员训练时要求达到持续时间为 2～3 秒的 $5g$ 的超重耐力。而航天员的训练则要求加速度达到 $8g$ 的超重耐力，持续时间为 40～50 秒。因为，在飞船应急处于弹道式轨道返回地球时，加速度将达到 $8.5g$。通常情况下，这很容易造成人体呼吸极度困难或停止，意志丧失、黑视，甚至直接影响生命。所以，必须通过训练来增强自己的超重耐力。

用来进行“超重耐力”训练的设备主要有离心机（图 1－3）。训练时，离心

图 1－3　俄罗斯航天员训练中心的离心机

（圆筒状的巨型旋转臂长达 18 米，截面直径近 2 米）

机像一只巨大的铁钳，紧紧夹住旋转舱，在圆形的超重实验室里飞速旋转，负荷从 $1g$ 逐渐加大到 $8g$。人体面部肌肉开始变形下垂、肌肉下拉，整个脸只见高高突起的前额。做头盆方向超重训练时，血液被压向下肢，头脑缺血眩晕；做胸背方向超重时，前胸后背像压了几百千克重的巨石，造成心跳加快，呼吸困难。每训练一次，航天员都要消耗巨大的体力。

杨利伟说："每次训练，在强大作用力下，航天员都会脸部肌肉变形、呼吸困难、眼泪会不由自主地流下……到 $8g$ 训练时，全身的血液好像被甩到脊柱上，五脏六腑好像被压成了一张薄薄的纸片。"为了让航天员和工作人员之间保持"互动"，在每一个航天员的手中，有一个爆鸣器，在训练中感觉到不适应的状况，航天员按下爆鸣器，工作人员就会停止操作。在长达 8 年的训练中，杨利伟和他身边的战友们没有一个人按下过爆鸣器，只有工作人员自己根据监测到的各项生理指标停止操作。

由于人体生理结构的特点，在不同方向超重作用时，对胸背方向超重作用的耐力最高，因而在载人飞船的发射和返回段，让航天员取仰卧姿态是更为有利的（图 1－4）。最佳的躺椅体位，是背角 75 度，腿部的位置与躯干约成 100 度，双膝略高于头部水平，小腿平放。

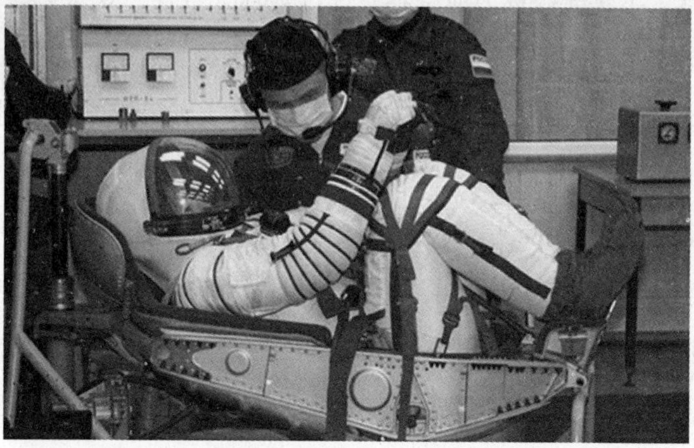

图 1－4　航天员试座椅

1.3 星星做伴

2009年5月11日，乘坐“亚特兰蒂斯”号航天飞机升空的美国航天员迈克尔·马西米诺成为第一个在太空使用微博网站“推特”（Twitter）的人。他发帖称：“从轨道看，发射令人非常敬畏！！我感觉很棒，一边努力工作，一边欣赏壮观的景色。我的冒险已经开始！”自此之后，很多航天员纷纷从太空发“推特”信息。

什么叫“天”？“天上”和“空中”有什么区别？

我国著名科学家钱学森曾在20世纪80年代给航空、航天、航宇下了一个定义，大致是这样的：100千米以下的区域一般叫航空，以上叫宇航。钱老还特别指出，宇航又应划分为两个阶段。第一阶段，冲出地球大气层，在太阳系范围内活动叫“航天”；第二阶段，冲出太阳系，在银河系乃至银河外星系活动叫“航宇”。

有人把整个宇宙航行也称为“航天”。这样，航空、航天就把“天空”瓜分了。地球大气层空间叫“空”，在地球大气层空间中活动，叫“航空”，飞机、直升机、气球、飞艇等统称为航空器。冲出地球大气层，在太阳系范围以内活动，就叫“航天”。卫星、飞船、空间站、航天飞机等，统称为“航天器”。在太空执行航天飞行任务的人员叫航天员，在杨利伟上天后，英语还创造出了一个新词“中国太空人”（taikonaut）。

宇宙到底是什么样子？屈原曾在《天问》中发问：请问远古开始之时，谁将此态流传导引？天地尚未成形之前，又从哪里得以产生？天的体制传为九重。有谁曾去环绕量度？意思是：开天辟地是谁流传的，天地没有产生时是谁考证的，白天光明晚上黑暗是为什么，说天有九重有谁去量过吗？

在天文望远镜诞生以前，人们相信地球是宇宙的中心。哥白尼推翻了这个观点，他认为太阳才是宇宙的中心，地球和其他行星都围绕着太阳转动，恒星则镶嵌在天球的最外层上。布鲁诺进一步认为，宇宙没有中心，恒星都是遥远的“太阳”。随着天文观测技术的发展，人们看到，确实像布鲁诺所说的那样，恒星是遥远的“太阳”。银河系是由无数个太阳系组成的大星系，我们的太阳系处在银河系的边缘，围绕着银河系的中心旋转。太阳系的直径充其量约 1 光年（1 光年 $=9.46\times10^{15}$ 米），而银河系的直径则高达 10 万光年。银河系由 1 000 多亿颗恒星组成，银河系还与其他银河系组成更大的星系团，星系团的直径约为 1 000 万光年。目前，望远镜观测距离已达 100 亿光年以上，在所见的范围内，有无数的星系团存在，这些星系团不再组成更大的团，而是均匀各向同性地分布着。

宇宙到底是什么样子？目前尚无定论。值得一提的是，史蒂芬·霍金的观点比较容易让人接受：宇宙有限而无界，只不过比地球多了几维。比如，我们的地球就是有限而无界的。在地球上，无论是从南极走到北极，还是从北极走到南极，你始终不可能找到地球的边界，但你不能由此认为地球是无限的。实际上，我们都知道地球是有限的。地球如此，宇宙亦是如此。

1.4 太阳升速

和乘坐飞机最明显的不同是，太空旅行的高度在 200 千米以上高空。

航天器进入太空飞行，除了必须有一定的高度和速度之外，还必须具有一个特殊的条件，即航天器的飞行必须沿着一条看不见而又确实存在的轨道飞行，常称之为运行轨道。航天器的用途不同，运行的轨道也不同，即轨道参数不同。也可根据不同的用途，通过航天器的轨道机动系统和控制系统改变运行轨道。

运行轨道的参数主要有：运行周期，是指航天器绕地球飞行一周的时间。它随轨道高度变高而增加，反之则减小。但周期不能太短，太短意味着轨道低，距地面近。当高度低于 125 千米时，大气层的阻力会使航天器速度逐渐减小，最后会落入大气层中烧毁。轨道倾角，是指运行轨道平面与地球赤道平面间的夹角。轨道倾角的大小，决定了航天器所覆盖地球表面的大小。倾角大则覆盖面也大，反之则小。据此运行轨道的倾角大小分为三种轨道：轨道平面与赤道平面相重合，即倾角为零度的赤道轨道；轨道平面垂直于赤道平面，即倾角为 90 度的极地轨道；轨道平面与赤道平面间夹角在 0 ~ 90 度之间的倾斜轨道。

运行轨道形状又有圆形轨道和椭圆形轨道之分。当航天器的飞行速度等于第一宇宙速度时，它的运行轨道就是圆形轨道；大于第一宇宙速度时，它的运行轨道就为椭圆形轨道。表征椭圆形状的参数是近地点——距离地球最近的点和远地点——距离地球最远的点。这是椭圆形轨道中的两个最重要的点，近地点高度不能太低，否则，航天器由于是在大气层中运行，因速度快而可能被烧毁。

例如，“神舟”九号飞船发射成功入轨后，进入近地点约200千米，远地点329.8千米，轨道倾角为42.8度，周期1小时29分40秒的初始轨道。然后，经过4次变轨，进入高度为343千米的圆形轨道，与等待它的天宫一号对接，成为组合体后继续运行。

在这样的轨道运行，大约每90分钟就有一次日落和日出，其中45分钟是白天，45分钟是黑夜，我们在地上过一天的话，天上就有16次的日出和日落。日子过得也太快了，不过，不用担心，天上的航天员都按地球人的节律来生活。中国航天员都按照北京时间安排生活，吃饭、睡觉和工作都有安排，他们每天早上6时起床，采取“8小时工作制”，但因为任务满满，航天员经常“加班”。

很多航天员喜欢在太空观赏日出和日落。由于太空没有气象上的云雨天气，在太空看日出是十分壮观的。太阳出来时是“迅雷似地”一跃而出，太阳落山时也一样迅速地隐去。太阳跃出之前，首先出现鱼肚色，接着是几条月牙形彩带，中间宽，两头窄，两头隐没在地平线上。突然，耀眼的太阳从彩带最宽处一跃而出，一切彩色顷刻消失。每次日出日落只有几秒钟时间。在这短暂的时间里，你至少能看到8条不同的彩带出没，它们从鲜红变为最亮最深的蓝色。而且，彩带的颜色每次都在变，宽度每次都不同。实际上，彩带是空气污染的唯一证明。航天员们见到的最壮观的日出日落景色，就是出现在大气污染最严重的地区。

1.5 太阳威力

古人云：“观阴阳之开阖以命物。”就像飞机的航班总是依赖当地地面的天气情况来安排起飞和降落一样，在发射飞船、火箭之前，除了要参考相关的天气预报信息以外，还需要进行大量的空间天气预报。

地球的周围除了大气层之外，还受到地球的引力场和磁场，其他星球的引力场和磁场，以及各种电磁辐射的作用。发射神舟飞船时，空间天气是指围绕地球受地球磁场、引力场和电磁辐射等所控制的空间范围内的环境。该环境主要涉及地球引力场、中性高层大气、等离子体和波、高能粒子、来自太阳的电磁辐射、流星体和空间碎片。其中，对空间天气影响最大的是太阳。

太阳作为距离地球最近的恒星，就像一个不断喷发的原子弹，把各种物质、高能粒子及磁场等源源不断地抛射出来，它们不断冲击着地球的磁场和电离层，从而对地球周围的空间天气产生巨大的影响。人造卫星、飞船、航天飞机与空间站飞行的地方正是灾害性空间天气的直接发生地——中高层大气、电离层这些太空区域。飞船穿过这些高能量环境，就会有带电粒子撞击飞船，从而在其各个部位形成充电状态。最后会在飞船的不同部分形成放电，有可能击穿某些部件而使其无法正常工作。飞船上航天员与地面的联系也可能因磁暴、电离层暴等影响而中断。特大耀斑所释放的高能量的粒子对人类的危害就像核爆中低能辐射那样会对人类造成致命的伤害。飞船船舱和航天员的宇航服是有抗辐射能力的，但是太阳活动活跃的时候，高能辐射要比平时高好几个数量级，长期暴露在高能量辐射下细胞会被杀死，DNA 被破坏，增加患上癌症和白内障的风险。

从“神舟”一号到“神舟”十号，空间天气预报一直在为航天飞船的发射保驾护航，确保每次的发射成功。“神舟”一号发射的时候，因为狮子座流星雨可能导致空间环境发生变化，将发射时间推迟了几天；“神舟”五号发射时间也规避了太阳活动周一段最剧烈的活动。

监测太阳黑子、冕洞、日珥、耀斑等太阳活动现象则是空间天气预报中极为重要的内容。太阳活动水平具有 11 年左右的周期变化特征，有太阳活动高年和低年之分，从太阳黑子数的多寡以及太阳 10.7 厘米射电流量的变化，人们很容易看出太阳活动的这种周期变化。通常在太阳活动高年，太阳爆发活动较多，太阳风暴的发生频次高，强度大。相反，在太阳活动低年，太阳爆发活动少，太阳风暴发生频次低，强度相对较弱。对于太阳黑子数，人类已经有 23 个太阳活动周期的完整记录。第 24 太阳活动周起始于 2008 年 12 月，根据国内外的预测，第 24 太阳活动周峰年可能出现在 2013 年附近，我们已经进入了太阳风暴爆发的高发期。

1.6 可怕的高真空

20 世纪的60 年代末到70 年代初，为赶超美国人设计的两座舱飞船，苏联的设计师们紧急将原有的两座的“联盟”号飞船改为了三个座位。而3 名航天员要“挤进”这个窄小的飞船，只能放弃穿臃肿的宇航服。结果，他们从太空返回地球途中因座舱突然漏气而快速死亡。

这次事故的原因是由于座舱中与外界连接的通风安全阀忽然松开。通常情况下，这个安全阀要等到飞船即将着陆时才会自动松开，以便使舱内与外界的气压相吻合，可此时飞船还未进入大气层。气压阀松动后，飞船上的通气小窗口快速地一开一合，飞船舱内的空气也迅速地向太空中散去，飞船内的气压在20 秒内从900 毫米汞柱（119.7 千帕）一下子降到了500 毫米汞柱（66.5 千帕），1 分钟之后气压表上的水银柱低至170 毫米（22.6 千帕）。在飞船出现漏气现象4 秒之后，航天员每分钟的吸气次数就达到了48 次，而正常人应为16 次，也就是说，这时的航天员几乎进入了濒死状态。这样的状态只持续了不到半分钟，可怕的死亡便降临了。医生们在尸检中发现，3 名航天员的濒死症状几乎完全相同，他们都有脑溢血、肺部充血、耳鼓膜破损和血痰的迹象。而如果他们当时穿上了宇航服，这个悲剧是完全可以避免的。

血的代价给此后的宇航事业一个重大的教训。继3 名航天员的悲剧发生后，历史上再未出现过不穿宇航服乘坐宇宙飞船的做法。因此也可以这样说，3 名英雄用自己宝贵的生命挽回了更多人的生命。没有宇航服保护的航天员在外太空因为缺氧而失去知觉之前最多能支撑15 秒的时间——这是血液中的氧气溢出的时间。当然，你能够在地球上屏住呼吸几分钟，但那在真空中于事无补。实际上，尝试屏住呼吸会导致你快速死亡。

真空指的是一种空气压力环境，针对大气而言，一特定空间内部的部分物质被排出，使其压力小于一个标准大气压，称此空间为真空或真空状态。比如：在地面上，把玻璃瓶连在一个真空泵上，抽出里面所有的空气，然后把瓶子密封，瓶内就形成了一个真空。如果在瓶上钻一个洞，空气会非常迅速地从洞口进入瓶

图 1－5 航天员身着发射－再入服

子。原因是瓶子周围存在着气压。

严格地说，自然界中，在星球外的宇宙空间最接近真空环境。如果乘坐火箭到达大气层的边缘，你会发现那里不存在大气压力。单个的气体分子会在太空的真空区域内快速穿梭。这些分子可以到达任何它们想去的地方，但是由于地球的地心引力作用，它们和所有受到地心引力的有质量的物体一样，都会向着地球移动。太空内的真空之所以没有吸引这些分子，是因为那里不存在吸引力——即那里不存在气压，因此无法把物体压入真空内。

1.7 陨石危机

2013 年 2 月 15 日中午 12 时 30 分左右，俄罗斯车里雅宾斯克州发生天体坠落事件。根据俄紧急情况部的说法，坠落的是一颗陨石。它在穿越大气层时摩擦燃烧，发生爆炸，产生大量碎片，形成了所谓“陨石雨”。在坠落区域，许多建筑的窗户玻璃破裂，该事件造成 1 200 多人受伤。

无独有偶，国际空间站也经常遭受陨石袭击。2007 年 6 月 7 日，两名俄罗斯航天员在太空行走中发现，空间站曙光舱外壳有一个形似弹孔的小洞。估计是微小陨石撞击所致，幸好目前这些小洞还未对空间站安全构成任何威胁。航天员专门拍摄了小洞的数码照片，并将这些照片传回地面供专家分析。航天员还在国际空间站外表面安装了23块金属防护板，以提高国际空间站对微小陨石和太空垃圾的防御能力。

此前在俄罗斯“和平”号空间站和国际空间站的太阳能电池板上，也曾发生过因微小陨石撞击而穿孔的情况，但都有惊无险。如果这种撞击导致太空舱漏气，航天员会依照一整套隔离、撤出预案处置。

1.8 太空垃圾

太空垃圾给航天事业的发展带来了隐患，它们成为人造卫星和轨道空间站的潜在杀手，给航天员的安全带来严重威胁。由于这些碎片或残骸在太空中大多获得了惊人的高速度，一颗迎面而来的直径为0.5毫米的金属微粒，足以戳穿航天员密封的宇航服；即使是一块微小的石头或金属片，也可能击穿国际空间站的外壳。如果由此形成的孔洞足够大或者损伤部位“凑巧”，甚至可能造成灾难性后果。

2007年2月27日，根据对可能影响国际空间站运行或威胁其存在的潜在风险的评估，美国国会出台了一份报告。报告说，人类活动形成的太空垃圾和自然形成的碎片是太空飞行的最大威胁。专家委员会说，国际空间站今后10年内遭太空垃圾击穿的风险为55%，由此造成灾难性后果的可能性为9%。不过报告补充说，增加国际空间站的防护层可以起到一定作用。

自从1957年第一颗人造卫星上天以来，到2013年底，人类已向太空发射了6 000多个航天器，它们当中有的已返回地面回收了；有的已坠入大气层陨灭了；有的飞离地球，一去不复返了；有的仍然在太空中继续工作。但是，大部分停止工作的卫星却仍旧在轨道上运行，它们就成为太空垃圾的主要来源。太空垃圾有工作寿命终止或工作过程中出现异常情况而被弃置的航天器；有在空中游荡和燃烧完的运载火箭末级；有在发射和运行期间被抛弃的航天器的许多零件、部件，如航天器的整流罩、防尘罩、螺杆、螺帽等；还有飞行器在太空中爆炸解体而形成的碎片等（图1－6）。此外，航天员工作和生活中产生的废物也是一种垃圾。

截止到2003年，地面雷达能跟踪到的直径在10厘米以上的太空垃圾有8 000

图 1-6 各种各样的太空垃圾

多个。直径小于 10 厘米的物体，地面雷达观测不到，数目还没有统计在内。有人估计，直径大于 1 厘米的碎片有几万块。如果就数量而言，那么更多的太空垃圾来自于航天器或运载火箭末级由于各种原因在太空中爆炸而产生的碎粒；每次爆炸估计会产生 1 万 ~1 000 万颗碎粒（图 1-7）。碎片和碎粒尽管质量很小，但由于它们具有很高的速度，达到数千米每秒，所以对于正常工作的航天器是一个潜在的威胁。

图 1-7 太空垃圾示意图

地球附近，有两处太空垃圾密集的区域：一处是在离地面 500 ~1 100 千米的范围内；另一处是距离地球 36 000 米的地球静止轨道附近。科学家们从地面环境污染和生态平衡破坏的前车之鉴中吸取教训，认识到太空环境的污染一定要防患于未然，要未雨绸缪，而不要“临渴掘井”。各国科学家们通过各种国际会议，一起讨论，提出了不少控制太空垃圾生成和扩散的措施。

这些措施有：将燃烧完的末级火箭和工作寿命终止的卫星中的剩余燃料排空，电能耗尽，以防止爆炸；适当选择运载火箭的发射弹道，使末级火箭燃烧完毕后，能在短期内再入大气层，自然陨灭；让工作寿命终止的卫星退出原来的运行轨道，航天器和运载火箭在设计时就考虑把整流罩、防尘罩、护盖等抛弃物尽早抛弃，在大气层中烧毁，不带入运行轨道，等等。

1.9 寂寞忍耐

在太空中，对于百炼成钢的航天员而言，最大的敌人来自自己的内心。在航天飞行中，他们会紧张、压抑、烦躁，与同伴吵架，冲地面工作人员发火，甚至有人因此拒绝工作。

1985 年，苏联航天员瓦列京在执行“联盟”T－14 任务时焦虑、食欲差、睡眠不好，他因此整天呆在床上不干活达半个月之久，最后因情况未见好转而提前返回地面。体检发现，他的身体并无异常，使这个钢铁硬汉垮下来的竟是孤独和寂寞。

敌意不仅存在于航天员之间，航天员与地面控制人员之间也会发生争吵。航天员有时故意不接受地面人员的指挥，想自由飞行；有时希望安静地呆一会儿，不喜欢被地面人员不断打扰；情绪爆发时，他们会将怒气发泄到地面人员身上。这种情绪常有周期性的变化，时好时坏。1985 年在“礼炮”号 185 天飞行中，航天员因和地面人员发脾气而终止了两天的无线电通信。

一位航天员曾预言：“未来飞行的时间越长、乘员越多，人际关系紧张、敌意将更多。”

德国航天员克雷蒂安在“和平”号空间站执行任务中，要进行一系列生理功能测试，需安装一些仪器，克雷蒂安抱怨实验太复杂。他在飞行报告中说，他要花费 2.5 小时来安装这些仪器，复杂的实验使人完全和实验动物一样，如果“和平”号上的窗开着，他将“把这些仪器扔到太空中去”。

美国航天员杰瑞·利宁杰这样回忆自己在“和平”号空间站上日益增长的无聊感：“连续几个月，我看着两张同样的脸。过了一段时间以后，我们的谈话内容变得陈旧。我们发现对早已说过的话题没什么可补充的了。没有新的消息，家人和朋友都在一个我们可望而不可及的地方，我们日复一日地吮吸脱水食品。”这时，利宁杰才深深体味到他接替美国航天员约翰·布莱哈在“和平”号上的工作时，约翰对自己的忠告：“杰瑞，你惨了。你越早接受这个事实越好。记住，一切终将结束。”

航天员该如何调节心理？太空工程师希望用网络虚拟现实技术解决这一问题。美国宇航局艾姆斯研究中心的科学家克里斯·马凯认为，通过高清晰度视频摄像机、播客和网络论坛，亲朋好友会在飞往火星的航天员面前展现出最真实的生活状态，实现“朝夕相处”。同时，航天员的活动会被摄像机拍下，给家人观看。家人的反馈可以帮助航天员克服孤独、厌倦和紧张心理。待“星际互联网”建成后，航天员甚至能参与更多的网络体验，比如通过网络定购圣诞礼物，也可下载最新的畅销书或电影。

在地面上侍弄花草可以舒缓压力，科学家计划让航天员在漫长的火星之旅中也自己种菜。这样不但可以调剂生活，更能精简给养，节约发射费用。能够在太空运行的微型人造温室正在开发之中。

此外，太空舱设计师还从改善太空生活条件入手营造正面心理暗示。例如把太空舱内壁涂上柔和的颜色，摆设按家庭生活环境布置；在挑选成员时，尽量选择具有不同国家、民族、宗教、文化背景的人，让彼此有更多新鲜感。

1.10 日本记者眼中的家园

1990年，当日本记者秋山丰宽在距离地球400多千米的太空俯视地球时，他激动得热泪盈眶。后来，秋山丰宽放弃高薪职位，当了一名自耕农民，在曾经深情凝望的那颗蔚蓝色星球上认真耕作。

1990年12月2日，48岁的秋山丰宽作为日本东京广播公司（NHK）的特派记者，乘“联盟”TM－11号飞船升空，在“和平”号空间站上停留8天，进行太空报道采访活动和科学实验（此次任务标志见图1－8）。12月10日返回地面。秋山丰宽带了一些东北雨蛙到“和平”号空间站，以体现他热爱环保的观念。

图1－8　任务标志

他在太空日记中写道：“如此渺小的人，为什么要发动战争呢？从太空看地球根本不存在什么边界线……真希望大家都能有太空旅行的机会，不过我更希望让每一位政治家都分别进入飞船的密封舱，让他们在这里进行一下反省。”

“我一直在苏联加加林宇航训练中心接受严格训练。我忘不了1990年12月2日上午11时32分34秒，我乘“联盟”号飞船上天了。不过我不是日本政府委派的，而是民间组织选送的。NHK有8 000多名职工，报名的有500多位，其中有7人到苏联受训，最后只有我一个人上了天。我是个幸运儿。”

“当我在距地球400多千米的太空看到生我养我并收容我的地球时，我热泪盈眶。”秋山说，“地球用她的仁慈、博大胸怀收容了人类，也一视同仁地收容了地球上的一切生命。当然用裸眼从飞船窗口望去，地球在总体上是呈蓝白色的，我指的是广袤的海洋和当大面积云层覆盖地球的时候。至于陆地颜色则因地貌不同而个个殊异：棕色、红色或橘红色。飞越南极或北极时，因冰雪覆盖，是白茫茫的一片。”

“在白天，大气层像一层蓝色的薄纱，晚上则呈灰色。看到大气层，我总是情不自禁地有些伤感——地球上的所有生命全靠它庇护。它是我们大家的守护神。而它却是薄薄的一层，薄得像苹果皮那样。它很脆弱。正是这段宇宙体验促使我热爱大地，决心成为农民，成为一个坚定的环保主义者。”

“1990年底我从太空回到地球，人生观发生了根本性的变化。什么是人生的富有呢？第一是安全，食物的安全尤其重要，所以我决定从东京退隐到这里，自己种粮食和一些经济作物，拒绝使用农药、化肥和除草剂。第二是自由的时间，自己支配时间，做个自由撰稿人，精神很自在。”

“秋山丰宽”这个姓名也预示了他的命运、归宿或生命轨迹。“秋山”是原野、山村乡野或壮丽大自然的意思。“丰”是丰富的意思。“宽”字，最明显的莫过于他那段广漠、浩瀚的宇宙体验。他的视野、眼界和心胸是够宽广的了，从太空看地球的宽广，谁能与之相比呢？

太空的浩瀚和奇幻让人类感到了自身的渺小和无知，但同时也激发了人类探索太空的勇气和激情。目前，虽然人类只向太空迈出了一小步，但探索太空的脚步从此开始向前延伸。我们相信，随着科技的发展，太空的奥秘终究会被人类一点点揭开。

2 太空逐鹿

蜀道难，难于上青天！飞到天上，一直是人类最大的梦想。为此，从古到今，人类一刻没有停止飞天的脚步。“神火飞鸦”“飞空沙筒”“震天雷”……我们的祖先在人类古老的飞天路上，书写了光辉灿烂的历史科技篇章，也为现代航天事业的发展积累了经验，奠定了基础。

2.1 航天理论的诞生

火箭是载人航天的必备条件，在追寻载人航天踪迹的时候，不能不从火箭开始。

全世界公认，中国是火箭的故乡，是人类太空探索的起源。据《宋史》等古籍记载，在960年前后的宋朝初年，我国就发明了具有反作用力因素的古代火箭。美国火箭史学家赫伯特，1945年写了一本叫《火箭与喷气》的书，其中提到在14世纪末期，中国有个叫万户的人，在一把椅子后边绑了47支火箭，他自己坐在椅子上，手拿两个风筝，让别人把火箭点燃，利用火箭动力飞行。但“万户飞天”的悲壮故事说明，古代火箭是无法将人送入太空的。

1883年，宇宙航行理论奠基人、俄国科学家齐奥尔科夫斯基（图2-1）首次指出，利用反作用装置（即火箭）作为太空旅行工具的推进动力的可能性。他对这种火箭飞行的定性解释是，火箭运动的理论基础是动量守恒定律。他认为在宇宙空间没有空气的情况下，唯一能够使用的运载工具就是火箭，而且由于没有阻力的影响，火箭在外太空飞行比在空气中飞行更加有利。他还意识到，要想实现航天飞行，火箭必须达到克服地球引力所需要的高速度，因此他提出通过提高火箭的质量比来达到这一速度。

齐奥尔科夫斯基经过几年潜心研究，于1898年完成了航天学经典论文《利用喷气工具研究宇宙空间》，但这篇论文直到1903年才在莫斯科的《科学评论》杂志上发表。一般认为，这篇论文的发表标志着航天学理论的诞生。在论文中，齐奥尔科夫斯基进一步提出火箭公式（图2－1），指出火箭的飞行速度与火箭发动机的喷气速度成正比，并指出黑色火药一类的固体火箭燃料，产能效率低，无法使火箭达到宇宙速度，应该使用液氢液氧这样的液体燃料。同时，火箭公式还表明，火箭的自身结构质量越小越好，燃料装得越多越好。火箭公式为发展现代火箭指明了方向，被称为“齐奥尔科夫斯基公式”。在火箭公式的基础上，齐奥尔科夫斯基还运用他巧妙的思维指出，用多级火箭阶梯工作的办法，可使火箭逐级提高速度，最后达到所需的宇宙速度。火箭公式是把宇宙航行从理论、理想变为现实的转折点，后来人们将火箭公式誉为“宇宙航行第一公式”。

图2－1　齐奥尔科夫斯基和火箭公式

接着，他又于1910年、1911年、1912年、1914年在《航空报告》上发表了多篇关于火箭理论和太空飞行的论文，涉及火箭运动、火箭发动机、火箭推进剂、火箭飞行控制、失重与超重、宇宙飞船设计、航天应用等各个方面，较为系统地建立起了火箭运动和航天学的理论基础。

要把这些理论变为现实，要由其他人接着努力。到1926年，美国人戈达德首先发射成功液体燃料火箭。虽然这枚火箭性能并不理想，但它打开了液体火箭技术的大门，为航天时代的到来做出了预言。

2.2 第一枚液体火箭

图 2-2 戈达德

1926 年 3 月 26 日，随着一阵惊天动地的轰鸣，世界上第一枚液体火箭从马萨诸塞州沃德农场的土地上直刺蓝天。制造这枚火箭的那个秃头的中年人名叫罗伯特·赫特钦·戈达德（图 2-2）。他在报告中描述道："火箭试验在下午 2 时 30 分进行。经过 2.5 秒后，上升高度达 12 米，飞行距离达 56 米。"（图 2-3）

1882 年 10 月 5 日，戈达德出生在美国马萨诸塞州伍斯特城的一个新爱尔兰家庭。从少年时代起，他就对家里的一些新鲜事物充满了好奇心，大学毕业后，戈达德开始迷恋火箭研究。经过认真研究，戈达德证明了用黑色火药作推进剂的火箭效率很低，无法达到使人类进入宇宙空间的目的，只有用液体燃料才能为宇宙航行提供所需的能量。那么，什么是理想的液体燃料呢？戈达德认为是液氢和液氧。后来的事实证明，戈达德的想法完全正确，这两种液体成了世界各国广泛应用的一种火箭推进剂。

后来，戈达德发表了题为《达到极大高度的方法》的著名论文。戈达德在这篇论文里阐述了火箭运动的基本数学原理，讨论了用火箭把载荷送上月球的方法。论文虽然不长，但它的意义却非同小可。不过，戈达德的这篇论文在当时非但没有引起高度的重视，反而遭到了一些人的讥笑。人们嘲弄戈达德是“月球上的人”，甚至对他的火箭试验也横加干涉。

图 2－3 戈达德和他的液体火箭

1929 年 7 月，当戈达德发射成功世界上第一枚装载测量仪器的火箭后，当地的警察闻讯赶到试验场，他们命令戈达德不许在马萨诸塞州进行火箭试验。没有办法，戈达德只好离开当地，另选试验场所。当 1930 年底到来的时候，戈达德的一枚小型火箭顺利地爬到了 610 米的高空。1934 ~1941 年间，戈达德又以百折不挠的精神先后完成了 A、K、L、P 系列火箭的研究和试验。

20 世纪 40 年代，当第二次世界大战的战火席卷全球的时候，戈达德多次给美国军政要员们写信，建议他们应对火箭武器引起足够的重视。可是美国军方不愿意把钱花在火箭的基础研究上，他们更感兴趣的是那些能够马上就拿出来的战术武器。因此，戈达德的信件一次又一次地泥牛入海，他只能无奈地等着敌人在火箭技术方面赶上自己，直到 1945 年 8 月 10 日溘然长逝。

然而，人们永远都不会忘记罗伯特·赫特钦·戈达德和他的第一枚液体火箭。更不会忘记，他的聪明才智和火箭腾飞的奇迹，为人类描绘了一幅飞出地球、漫步宇宙的壮丽画卷。

1969 年 7 月 17 日，当“阿波罗”11 号宇宙飞船即将把人送上月球时，美国的《纽约日报》正式撤销了该报 1920 年发表的嘲笑戈达德的评论文章。为了纪念这位被誉为“美国火箭之父”的科学家，美国宇航局专门将下属的一个研究机构命名为戈达德宇航中心，并且还在这个中心竖立了一块纪念牌。碑上铭刻着戈达德一句富有哲理性的名言：“很难说有什么办不到的事情。因为昨天的梦想，可以是今天的希望，而且还可以成为明天的现实。”

2.3 战争催生 V-2

欧洲“火箭之父”奥伯特有一句名言：“一般来说，骆驼能够在它们渴的时候发现新的水源。”

1927 年，以奥地利数学家赫尔曼·奥伯特为首的一批德国科学家与工程师成立了民间的德国宇宙航行协会，这是全世界第一个航空太空科技研究协会。1929 年，奥伯特与他的助手们开始研发液态火箭推进器。

1932 年后德国陆军开始想到了以液态燃料火箭作为长程攻击武器的可能性，并派遣对火箭研发有兴趣的瓦尔特·多恩伯格上尉负责筹组相关事宜，多恩伯格招募了当时正为经济状况烦恼的沃纳·冯·布劳恩为首的火箭研究小组进入德国陆军兵器局，开始进行液态火箭推进器的试验，同年，德军在柏林南郊的库斯麦多夫靶场建立了火箭试验场。

从 1933~1941 年的 8 年期间，多恩伯格与冯·布劳恩的研发团队不断地进行火箭研发。1934 年 12 月 19~20 日，冯·布劳恩的研究团队成功发射两枚重 500 千克、安装陀螺仪并以液态氧及乙醇为动力来源的 A-2 火箭。由于 A-2 火箭得到了满意的成果，于是德军更近一步着手研究第二代的 A-3 与 A-4 火箭开发计划，其中 A-4 火箭的预定目标为射程 175 千米、最大射高 80 千米、酬载量 1 吨的大型火箭。由于试验规模已经大到旧试验场无法提供足够的测试空间，因此德国选择了东部奥德河的出海口处的一个名叫佩内明德的渔村，兴建新的火箭试验基地。

除了液态火箭以外，德国空军也在此地开始研发无人驾驶飞行器的研究工作，纳粹的宣传部长戈培尔亲自将此种新式兵器命名为“V-1 导弹”。V 是德文“复仇武器”的缩写，意味着德国要用这种新兵器为第一次世界大战的失败雪耻，并向战胜国复仇。A-4 火箭在 1942 年正式研发成功，随即量产制造，1944 年 9

月正式命名为“V－2导弹”，并在9月8日的对伦敦攻击中扬名于世。由于弹道导弹终端速度达到4马赫* 以上的超音速，远超过当时同盟国空防的反应速度，因此防不胜防。从1944年6月13日到1945年3月的短短10个月间，德军共发射了15 000枚V－1导弹与3 000枚V－2导弹，共造成英国31 000人丧生，对英国的社会人心更是造成莫大影响。

第二次世界大战一结束，美俄双方都急着要掌握德国的火箭技术，但是按照雅尔塔密约，V－2生产工厂的主要所在地佩内明德划给了苏联托管，美国心有不甘，在美国政府的支持下，美军组成了一个突击队紧急展开一项代号“回纹针”的任务。在1945年5月22日到5月31日的10天之内，美军挺进巴伐利亚区并占领当地，动用了300节火车车厢和13艘轮船，把近百枚的V－2导弹以及相关的一切设备和半成品抢运一空。而且，美国情报单位通过成功地游说，使包括德国军方火箭计划负责人多恩伯格及开发团队核心冯·布劳恩在内的126位研究团队成员前往美国，并将它们分别安置在得克萨斯州的福特布里斯的火箭研究小组以及新墨西哥新建的白沙导弹靶场。

第二次世界大战以后，苏联和美国都在V－2的基础上搞导弹和航天运载火箭。（图2－4，图2－5）

图2－4 1950年7月美国仿制的V－2火箭在卡纳维拉尔首次发射

---

* 马赫是速度单位，1马赫即1倍音速，1马赫＝340米/秒。

图 2-5　1963 年 11 月冯·布劳恩为肯尼迪总统讲解“土星”5 号结构

2.4　英雄太空狗

在人类进入太空前，狗狗、猴子、猩猩、白鼠等动物便已开始为我们“试水”。20 世纪 50 年代，为了评估太空低引力和发射时的重力加速度对生物体的影响，苏联科学家专门为狗狗航天员制造了加压航天服（图 2-6），用于在实验中保护它们的生命安全。

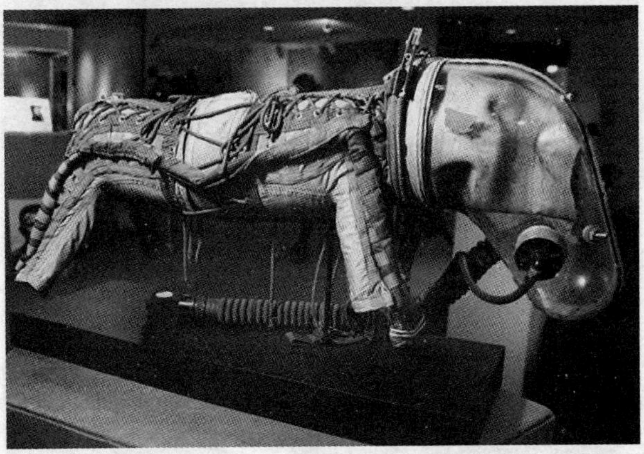

图 2-6　在英国莱斯特的国家航天中心展出的太空狗航天服

发射过程中，狗狗航天员穿上现在看起来非常简陋的航天服，而后放入火箭发射，进入距地面 80 千米的太空边缘，最后借助降落伞重返地球。通过首批狗狗实验获得的经验和数据，为1957年的太空狗“莱卡”实验铺平了道路。这一年，“莱卡”成为第一只环绕地球飞行的动物。几年后，人类最终踏上太空探索的征程。

1957年10月4日，苏联成功发射了人类历史上第一颗人造卫星，真正开启了人类探索宇宙的大门。一个月后的11月3日，第二颗人造卫星即将发射。这一次，卫星上将搭乘一位特殊的“客人”——小狗“莱卡”，它将成为飞上太空的第一个地球生命（图2-7）。

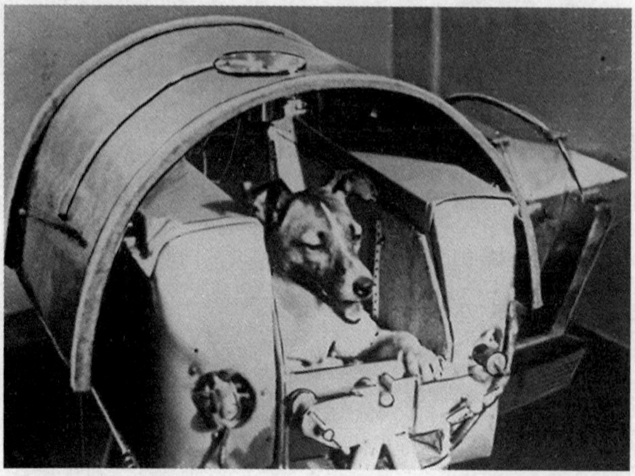

图2-7　进入地球轨道的第一个动物“莱卡”

“莱卡”是一条流浪犬，1957年11月搭乘“斯普特尼克”2号升空，成为历史上第一只环绕地球飞行的动物。不幸的是，它也为此项太空任务献出了生命。根据最初几年的官方报道，“莱卡”完成了长达一周的飞行任务，到达离地球1 600千米的高处，按照计划，它在吃了最后一顿含有剧毒的晚餐后安静地死去。然而，真相并非如此。

2002年，曾参与苏联人造地球卫星发射过程的俄罗斯生物医学研究所科学家迪米特里·马拉山科夫宣布了一个令人吃惊的消息：“莱卡”根本没有像苏联官员声称的那样活得那么长，事实上，它刚飞上天没几个小时，就死于惊吓和中暑衰竭。马拉山科夫博士称，在发射后不久，绑在“莱卡”脖子上的医学传感器传回地面的数据显示，“莱卡”的心率达到平日的3倍。传感器的压力指标等数据都显示，在生命的最后阶段，小狗“莱卡”承受着巨大的痛楚。

尽管“莱卡”在太空只生存了几个小时，然而，它短暂的太空旅程证明了哺乳动物能够承受火箭发射后一定的严酷环境，为未来的载人飞行铺平了道路。在“莱卡”太空旅行4年后，苏联航天员尤里·加加林搭乘“东方”1号飞船成为环绕地球飞行第一人。

“莱卡”因此也成了最著名的太空犬，苏联在1957年就为“莱卡”发行了纪念性邮票，“莱卡”后来成为苏联一种香烟的商标，并上了莫斯科一座纪念碑。1997年，“莱卡”太空飞行40年后，俄罗斯人在莫斯科郊外的航天和太空医学研究所为“莱卡”建立了一个纪念馆。当年，它和其他9只狗就是在这里接受训练的，而最后它被选中踏上孤独的太空之旅。如今，全世界至少有6首歌为它而谱写，描述它这次孤独的单程太空之旅。

我国也曾在1965年6月，将大白鼠、小白鼠送到高空进行试验，1966年7月将两只有名的小狗——雄狗“小豹”、雌狗“珊珊”分别送上高空，并安全返回，回来以后它们还“结婚生子”。

2.5 太空猴的献身

2013年1月28日，伊朗国防部发表声明，伊朗用国产运载火箭“探索者”号向太空发射了一个载有活猴的“先锋”太空舱，使其在距离地面120千米处的亚轨道飞行，并于随后安全返回地面，里面的猴子也安然无恙。伊朗国家电视台随后播放了太空舱和“猴子航天员”的静态照片，照片中一只灰色猴子身着一件马甲，被安置在一个装有填充物、类似汽车婴儿座椅的特制座位上。

最早用灵长类动物来当太空开路先锋的是美国人。1959年，“阿伯尔”和“贝克”这两只猴子作为第一批幸存“太空旅行者”出席了美国宇航局新闻发布会，“阿伯尔”是一只7磅*重的恒河猴，“贝克”是来自秘鲁的体重11磅的松鼠猴（图2-8），它们承受38倍的超重，忍受无重力状态飞行9分钟。“阿伯尔”在摘除插入体内电极的一次简单手术后4天因感染而死亡，“贝克”一直存

---

* 磅为英美制质量或重量单位，1磅=453.6克。

图 2-8 松鼠猴"贝克"的身体包裹在保护性硅橡胶垫料中，然后被绑在太空舱里

活至 1984 年。

当时苏联人正准备把人类发射到地球轨道上，而美国人选择了黑猩猩，因为它们与人类最为相近。美国当时训练了一支由 40 只黑猩猩组成的特别中队，试图从中选一只黑猩猩出来，用以赢得与苏联之间的太空竞赛，而"汉姆"（图 2-9）最终脱颖而出，于 1961 年被发射到太空之中，成为第一只进行太空旅游的黑猩猩。"汉姆"诞生在非洲喀麦隆，之后成为佛罗里达州一个动物园里的一名讨人喜欢的明星，它和它的黑猩猩同伴们为了这次飞行准备了两年半的时间，在起飞前被教会了通过对光线和声音的反应而完成一些简单的动作，比如在看到蓝灯闪烁后，在 5 秒内撬动制动的杠杆，成功了将被奖励一个香蕉丸，失败了它的脚掌就会受到一次轻微的电击。

1961 年 1 月 31 日，"汉姆"乘坐火箭飞向太空，但马上就出现了故障，导致火箭的飞行高度要高于计划高度，原计划高度为 185 千米，而实际上的最大高度将达到 253 千米，此处氧气的含量非常稀薄。经过 6 分钟的飞行之后，"汉姆"

和太空舱处于失重状态，飞行速度达到了每小时 8 046 千米。最终，“汉姆”和太空舱溅落在大西洋中，整个飞行持续了 16 分 39 秒，之后被救援人员救起，而“汉姆”在当时还欣然接受了一个苹果和半个橘子。

“汉姆”在这场历险中没有受伤，之后他在位于华盛顿的国家动物园中生活了 17 年，25 岁的时候在北卡罗来纳州动物园死去。

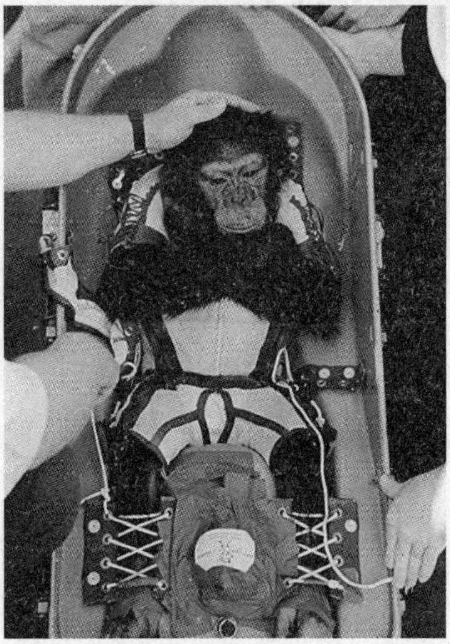

图 2-9 来自西非的太空黑猩猩“汉姆”安全返回地球，正舒服地在一艘救生船的甲板上休息

1961 年 4 月 12 日，俄罗斯航天员尤里·加加林成为一位历史人物，他乘坐“东方”1 号宇宙飞船成为第一个飞往太空的人类。而美国人也在一个月后的 5 月 5 日拥有了第一位自己的航天员——艾伦·谢泼德。而在这个时候，“汉姆”已经在动物园里安享它的幸福时光了。

2.6 飞船着火

在人类进军太空的征程中，防火安全是一道必须跨越的台阶。美国 3 名航天员，由于飞船着火，为人类登月事业献出了宝贵的生命。

1967 年 1 月 27 日，在进行“阿波罗 - 土星”204 一次例行测试中，因指令舱突然发生大火，3 名美国航天员在 17 秒中丧生。不幸丧生的 3 名航天员分别是指令长维吉尔·格里森、高级驾驶员爱德华·怀特和驾驶员罗杰·查菲（图 2 - 10），他们本应成为首批环绕月球飞行的人。当时，他们位于美国佛罗里达州卡纳维拉尔角 34 号发射台的“土星”1B 号运载火箭顶部的阿波罗指令舱中，进行绕月飞行训练。

图 2 - 10 “阿波罗”1 号机组

（从左至右分别是维吉尔·格里森、爱德华·怀特和罗杰·查菲）

当天凌晨 1 时，3 名航天员进入飞船指令舱，开始进行各种仪器设备的检查。当一切熟知的程序操作完毕，6 时 31 分，一名航天员报告说发现火情，此后 12 ~ 15 秒间，总部与航天员们的全部联络中断。在这段时间内，阿波罗飞船的外壳由于无法承受舱内的巨大压力而爆裂（图 2 - 11）。之后的调查证实，他们并不是被烧死的，而是因为失火后飞船底部出现裂缝，外部空气涌入舱内，致使火势更加凶猛，由于宇航服面罩失灵，燃烧生成的大量黑烟进入了航天员的呼吸导管，导致窒息死亡。

根据“阿波罗 204 调查委员会 ”的调查报告，火警是由于舱内长达 50 千米电线的某处产生的火花所引起的。舱内气压为 100 千帕，充满纯氧环境，火势迅速蔓延并于数秒内失去控制。地面人员需时 5 分钟才能成功打开舱盖及控制火势。事后发现，3 人宇航服及连接至舱内维生系统的输气管都被大火烧熔，格里

图2-11　被烧毁的美国“阿波罗”1号

森及怀特的宇航服更被烧至熔合一起。从他们各人的死亡位置来看，他们曾尝试逃生，负责打开舱盖的怀特死亡前正在伸手。开启舱盖的程序为格里森先放下怀特的头枕，然后怀特开始解除超过12个门栓。事实上，即使怀特能解除所有的门栓，舱内气压已升至根本不可能打开该向内开启的舱盖。查菲的工作则是关掉舱内的仪器及与地面控制保持联络。在首次呼叫“火警!”后17秒，3名队员均已死亡。

悲剧发生后，专家们对阿波罗飞船做了许多改进：发射时舱内空气为海平面气压，60%为氧气，40%为氮气。发射期间气压将会调低至5千帕，并逐渐在飞往月球的头24小时内转为100%氧气。舱盖改为向外开启设计，并可在10秒内开启。舱内的易燃物料改用一些会自动熄灭的物料。配管系统及电线均包上保护绝缘材料。对1 407处线路问题进行改进。尼龙宇航服改为由玻璃纤维制成带有涂层的新型阻燃宇航服。发射台的工作人员必须接受专业的灭火训练。所有这一切都为飞船后来的安全飞行提供了保障。

火警发生后，太空人的遗孀们要求保留“阿波罗”1号的代号给她们的丈夫，作为纪念这个永远不能完成的旅程。

2.7　英雄的航天员

1967年4月23日，苏联第一艘载人的“联盟”1号飞船顺利发射，飞船驾驶员是苏联第一个二次执行太空飞行任务的航天员弗拉基米尔·科马洛夫。按计划，他在飞行一天之后将在轨道上与随后发射的“联盟”2号会合，实行人类第一次空间对接和太空行走。2号飞船上的两名航天员将进行太空行走进入1号飞船，为登月进行先期试验。

成功进入轨道后，“联盟”1号飞船接连发生故障，先是左太阳能电池板无法打开，使得飞船只能用一半电力来操作仪表；通信系统只有备用的可以使用。进入轨道第5圈时，飞船的离子感应器失灵，无法进行定位。科马洛夫改用手动控制也无效。从第7圈到第13圈，筋疲力尽的科马洛夫睡眠休息，与地面停止了联系。

恢复联系后，地面指令科马洛夫提前返回地球，在第17圈时启动返回推进器，“联盟”2号的发射也取消了。返回地球时第一次尝试使用离子定位法，没有成功。后来，科马洛夫利用人工月球定位法，即以月球为目标来定位，成功引导飞船进入了返回轨道（三年后，美国“阿波罗”13号飞船碰到故障，3名美国航天员也是采用此法定位返回地球，死里逃生）。为了安慰、鼓励科马洛夫，加加林担当起地面通信主任，随时将指令发送给他，并向他转达地面各部门的良好祝愿。

“联盟”1号飞船在距地面7千米高度上，伞舱盖应当弹射分离，并拉出一个引导伞，用于为下降中的飞船减速。这具小伞可使飞船速度下降到40米/秒，这也是主伞安全展开的速度，速度再高，主伞的伞衣就会被撕成碎片。可是，“联盟”1号的主伞没有被拉出。一般情况下，主伞出现问题，备用伞系统就会自动启用。但是，按照预定的设计，主伞只有被拉出伞舱后才能被分离掉，备用伞系统方才启动（这种设计是为了避免两伞缠绕），而这次发生的情况却是主伞仍然在伞舱内，根本就没有被拉出，所以备用伞也就没有展开。

在无法减速的情况下，返回舱以90千米/小时的速度重重地摔在了奥伦堡附近的草原上，时间是1967年4月24日莫斯科时间上午6时24分。落地时的冲击力把返回舱摔碎，并引起船上缓冲发动机爆炸起火。

到达着陆点的搜救直升机看到了还在燃烧的飞船残骸，着陆点周围被黑烟笼罩着。残骸内的火很大，熔化的金属正不断地滴落在烧焦的地面上。飞船完全被烧毁，已看不出它原来的模样，只有船顶的圆形舱门外环还算完整。地面搜救队铲走碎片并移开仪表板部件后，发现了还坐在中央座椅上的科马洛夫的遗体（图 2－12）。现场医疗队宣布，科马洛夫的死亡是由头部、脊椎和骨骼多处损伤所致。

图 2－12　科马洛夫的遗骸

4 月 25 日凌晨，装着科马洛夫遗体的灵柩在“联盟”2 号预定机组人员和加加林的护送下运抵莫斯科，科马洛夫的妻子也来到莫斯科机场接机。遗体在到达后不久就被火化，随后骨灰被暂放到苏军之家红旗厅内。

4 月 26 日，科马洛夫的骨灰盒装在军用车上，以国葬的待遇安放于克里姆

图 2－13　科马洛夫的葬礼于 1967 年 4 月 26 日在莫斯科的红场上举行，他的妻子瓦伦蒂娜在葬礼上亲吻他的照片

林宫墙内。葬礼后，他的妻子瓦伦蒂娜挣开亲友的搀扶，突然跪向丈夫的遗像，她亲吻着丈夫的画像久久不肯起来。有超过15万的苏联市民为这位令人尊敬的航天员送葬。当时，美国宇航局的47名现役航天员联合发来唁电，向全体苏联航天员和科马洛夫的家属表示慰问。

2.8 航天员离奇死亡

1971年6月30日早上8时13分，莫斯科电台中断了预定的国内新闻节目，宣读了“联盟”11号3名航天员罹难的公告，他们是：指令长格奥尔基·多勃罗沃利斯基中校、航天员弗拉基斯拉夫·沃尔科夫和维克多·帕查耶夫。

3名航天员是突然去世的。此前，他们于6月6日乘坐“联盟”11号飞船从拜科努尔发射场升空，后与“礼炮”1号空间站对接成功，使“礼炮”1号空间站成为世界上第一个有人居住的空间站。“礼炮-联盟”号总重25吨以上，太阳能电池和化学电池供给它充足的电能。3名航天员共在里面度过了23个昼夜，进行了天文观测、生物医学试验、远距离摄影等科学考察和实验活动。

6月29日，“礼炮-联盟”组合体的一切工作依然严格按程序进行。他们在和地面飞行控制中心的无线电通信中，报告了他们的考察情况，并说“全体航天员自我感觉良好”。在接到返回地面的着陆指令后，“联盟”11号和空间站顺利脱开，单独飞行。此时飞船上的所有系统仍然一切正常。1971年6月30日凌晨1时35分，“联盟”11号飞船的制动发动机开始工作，然而当它工作结束后，地面控制中心与航天员的联系突然中断了。

据苏联《劳动报》报道：“在哈萨克斯坦的上空，飞机和直升飞机迎接了宇宙飞船。”

飞船实行了软着陆。一架直升机降落在它旁边，接着另一架直升机也赶到了。还没等旋翼停稳，医生就跳到了陆地上，向飞船跑去。

人们打开舱盖后大吃一惊：3名航天员死在自己的工作位置上，旁边整齐地放着收集到的许多实验资料、电影胶卷、磁带、航行日志、装有生物标本的容器。

按照惯例，苏联对这起事故派出了调查组。7月12日，塔斯社发表了政府调查委员会的正式公告：在对“联盟”11 号飞船的飞行参数记录进行研究后确定，在下降段之前，飞船的飞行一直正常。在直到着陆为止的历时 30 分钟的飞船下降段内，下降装置内的气压迅速下降，导致航天员突然死亡。医学和病理解剖学检查证明了这一点。气压下降的原因是飞船的密封性受到破坏。对完成了软着陆的下降装置的检查表明，飞船的结构没有破损处。

根据这份公告，3 名航天员的死因是座舱密封出了问题，气压突然下降，航天员因缺氧，人体内血压致命地升高，血液突然冲入大脑，引起血栓而死亡。

苏联当局对 3 位航天员牺牲一事极为重视，宣传规模很大，葬礼规格也较高。7 月 1 日 12 时至 20 时，在莫斯科的苏军中央之家举行了全市性的与遗体告别仪式。苏联党、政、军、工、团等都送了花圈，上自总书记勃列日涅夫起的 16 名政治局委员、候补委员和中央书记，到场和死者遗体告别，并与死者家属一起参加守灵。7 月 1 日晚上，3 位航天员的遗体火化。2 日下午 2 时至 3 时，在红场举行了追悼大会，苏共中央政治局委员基里连科主持了会议，并致了悼词。勃列日涅夫等 15 名政治局和书记处成员出席了追悼会。会后，勃列日涅夫、波德戈尔内和柯西金亲自抬灵，将骨灰盒放进克里姆林宫墙内。

图 2-14　纪念“联盟”11 号机组的邮票

后来，苏联对“联盟”号飞船进行了一系列的改进，该飞船再也没出过类似事故。

如今，当一枚枚火箭直飞云霄，一颗颗卫星翱翔太空，我们无不惊叹于人类的睿智和勇敢。是人类，也只有人类，才能凭借智慧和力量，把理想一点点变成现实，把脚步一点点迈向太空。终有一天，人类在太空旅行，一定会“胜似闲庭信步”。

3 太空勇士

据史书记载，14世纪末期，我国明朝一位叫万户的人做了两个大风筝，在椅子的背后绑上47支火箭，双手各持一个大风筝，想借助火箭的推力和风筝的升力飞起来。准备完毕后，万户坐在椅子上，命仆人点燃火箭，万户的生命，最终落在点燃火箭的巨响中。尽管万户因此牺牲了生命，但他已成为人类第一位飞天的真正实践者。时至今日，人类仍然没有忘记他在飞天探索中的胆识和勇气。也正是一代又一代勇敢的探索者，激励着无数勇士向着太空飞去。

3.1 加加林

1961年4月12日，这一天是人类航天史上永远值得纪念的日子。清晨，位于苏联哈萨克共和国的拜科努尔航天发射场上，矗立着高达38米的银白色多级运载火箭。一位头戴密封的盔帽、身穿橘黄色航天服的年轻人在迈上通向“东方”1号飞船的阶梯的最后一级时，对着前来欢送的人群高喊一声：“再见!”然后跨入座舱，仰卧在飞船的座椅上，对飞船做最后一次检查。他就是将要在人类历史上破天荒第一次飞出地球、遨游太空的使者尤里·加加林!

运载火箭在500吨的巨大推力的作用下，伴随着震耳欲聋的巨响、冲天的火光和浓浓的烟雾，慢悠悠地离开了发射架，载着“东方”1号宇宙飞船笔直地向太空飞去。随着火箭加速度的不断增大，宇宙飞船里的加加林一下子感到自己的身体重了好几倍，好像地球在紧紧地拉住他，不让他离开一样；再加上火箭发动机工作产生的剧烈的震动，仿佛要把他撕成碎片。他经受住了考验，没有头晕，也没有感到恶心，神志清楚如常，自我感觉良好。他向地面报告道：“情况

图3-1 “东方”号火箭携带“东方”1号载人飞船升空油画

良好!”

当“东方”1号飞船在空中高高地升起时，加加林兴奋地发现，整个地球在眼中一览无余。他看到了弯曲的大地、森林、河流，还有白云。飞船很快进入了绕地球运行的轨道，此时的速度已达到大约7.8千米/秒，离地面高度约200千米。加加林成为世界上第一个飞得最高、飞得最快的人。

飞船要在轨道上绕地球飞行一圈。这时，加加林进入了一个奇异的世界——失重世界。加加林觉得，无论是手、脚，还是整个身子，好像不是长在自己身上似的。他努力使自己适应失重状态，在笔记本上做航行记录，不停地监视着各种仪表，有时转过头来向舷窗外观察。地球的周围笼罩着一层淡蓝色的光，展现出一幅绚丽的景象。太阳发出的光芒在太空中更加耀眼夺目。加加林顾不上欣赏这些美妙的景色，他按预先规定的操作时间表进餐。

90分钟以后，加加林完成了绕地球一圈的飞行，开始返航了。“东方”1号飞船打开制动火箭，朝着前进方向高速喷气、降低速度。于是飞船很快地偏离了轨道，在地球引力的作用下向地球降落。当飞船高速冲入大气层时，与空气摩擦产生高热，使飞船头部的保护层迅速熔化。通过舷窗，加加林看到外面明亮的火光，但舱内却依然温暖如春。仪表指示出舱内温度为20℃。当飞船降到离地面7千米高度时，弹射出一顶巨大的降落伞，加加林带着太空的气息，乘着降落伞缓缓着陆。

加加林成为太空飞行第一人是历史的偶然，也是必然。1959 年，加加林从苏联 3 400 多名 35 岁以下的空军飞行员中脱颖而出，成为 20 名候选人中的一员，并于 1960 年 3 月开始在航天员训练中心接受培训。在训练中，加加林凭借其坚定的信念、优秀的体质、乐观主义精神和过人的机智成为第一位飞天航天员。

3.2 飞船险情

1963 年 6 月 16 日，瓦莲京娜·捷列什科娃乘坐“东方”6 号宇宙飞船进入太空，成为世界上的第一位女航天员。在 70 小时 50 分的太空飞行中，捷列什科娃环绕地球 48 圈，航程 200 万千米。她曾与地面上的太空第一人加加林通话，与总设计师科罗廖夫通话，而且还与苏联另一名正在轨道飞行的航天员贝科夫斯基建立了无线电联系。虽然飞行期间，她一直恶心想吐，却坚持着向地面报告“感觉良好”“我是海鸥，飞行正常”，同时完成了预定的生物医学和科学考察任务，用亲身经历证明了妇女完全能适应太空的工作和生活。

鲜为人知的是，她上天之旅其实遭遇了一系列险情，差点回不来了。

飞船升空后在自动驾驶模式下出了一些小偏差，在校正时又出了大问题：本来应该下降，实际却把轨道升高了。捷列什科娃立即把情况向地面做了汇报。直到第二天，系统中输入了新的数据后，飞船轨道才被调整正常。

人们常见的捷列什科娃首次飞天归来的照片上，她微笑如花，殊不知这都是后来补拍的。飞行归来座舱近地弹射时，她的头被头盔狠狠撞了一下，等到着陆后，人们发现她的脸部和太阳穴发青，整个人也失去了知觉。她被紧急空运到莫斯科进行抢救。第二天，人们专门对她进行了精心化妆，再把她重新放进飞船座舱，补拍了一系列镜头。事后，当局要求捷列什科娃不要公开此事，而她也按照这个要求去做了。

捷列什科娃 1937 年 3 月 6 日出生在苏联雅罗斯拉夫尔州一个工人家庭。成为航天员之前，她是一名未婚的纺织女工。1962 年 2 月，捷列什科娃和另外 4 个姑娘一起成为苏联第一批女航天员。捷列什科娃这时还是一个美女航天员，她长

图 3－2　捷列什科娃凯旋归来

得眉目清秀、文静大方，具有一种成熟女性的风韵。

捷列什科娃奇迹般的太空飞行为她赢得各种各样的荣誉。刚一着陆，她就被授予大尉军衔，1995 年晋升为少将，成为俄罗斯第一位女将军。此外，1968 年捷列什科娃成为苏联妇女委员会主席，1969 年以后又兼任了国际妇女联合会副主席，曾先后获得过列宁勋章、齐奥尔科夫斯基奖章和国际航空联合会颁发的宇宙金质奖章，被誉为“民族英雄”“世纪女性”，是全世界十几个城市的荣誉市民，她的名字被用来命名月球背面的一座环形山。

与荣誉并存的是婚姻和家庭。太空飞行 5 个月后，捷列什科娃与“东方”3 号飞船的航天员尼古拉耶夫结婚，组成了世界上第一个航天员家庭。第二年，他们成为世界上第一对太空飞行后生育孩子的夫妇，生下的女孩身体健康，证明太空飞行不会对人体和女性生育造成危害。

如今，谈起自己的经历，捷列什科娃强调，人要有远大的理想，尤其是对于年轻人来说，要经常处于一种找寻理想并为之奋斗的状态中，比如你要立志成为一名专家，就是要不断地学习，这对于年轻人是非常必要的。

3.3 天地九重

在耗时两年亲笔写成的自传《天地九重》中，中国首飞航天员杨利伟以坦率而真挚的方式，讲述了自己如何通过艰难的训练成为首飞航天员，而在飞天过程中，又经历了数次生死考验：飞船发生剧烈的共振，飞船返回黑障中，高温的飞船出现裂纹，落地时被麦克风棱角划伤……

杨利伟在接受记者采访时说："2003 年 10 月 15 日上午 9 时整，火箭尾部发出巨大的轰鸣声，几百吨高能燃料开始燃烧，8 台发动机同时喷出炽热的火焰，高温高速的气体，几秒钟内就把发射台下的上千吨水化为蒸汽。火箭和飞船总重达到 487 吨，当推力让这个庞然大物升起时，大漠颤抖，天空轰鸣。火箭逐步加速，我感到压力在渐渐增加。就在火箭上升到三四十千米的高度时，火箭和飞船开始急剧抖动，产生了共振，这让我感到非常痛苦。人体对 10 赫兹以下的低频振动非常敏感，它会让人的内脏产生共振。而这时不单单是低频振动的问题，而是这个新的振动要叠加在大约 6g 的一个负荷之上。这种叠加太可怕了，我们从来没有进行过这种训练。我担心的意外还是发生了。"

"共振是以曲线形式变化的，痛苦的感觉越来越强烈，五脏六腑似乎都要碎了，我几乎难以承受，心里就觉得自己快不行了。飞行回来后我详细描述了这个难受的过程。我们的工作人员研究后认为，飞船的共振主要来自火箭的振动。之后改进了技术工艺，解决了这个问题。在'神舟'六号飞行时，得到了很好的改善；在'神舟'七号飞行中再没有出现过这种情况。"

飞船返回舱着陆时会产生巨大的冲击力，因为麦克风有不规则的棱角，让杨利伟嘴角受伤，要是划在脖颈上，后果不敢想象。后来'神舟'六号改进了麦克风，全用海绵包裹。

2003 年 10 月 16 日 4 时 31 分，"神舟"五号飞船开始启动返航。6 时 04 分，飞船返回舱飞行至距地 100 千米，逐步进入稠密大气层。这时飞船的飞行速度很高，遇到空气阻力急剧减速，产生了近 4g 的过载。快速飞行的飞船与大气摩擦，产生的高温把舷窗外面烧得一片通红；接着在通红的窗外，有红的、白的碎片不停划过。飞船的外表面有防烧蚀层，它是耐高温的，随着温度升高，它就开始剥落，在剥落的过程中会带走一部分热量。

但接下来看到的情况让杨利伟非常紧张：右边的舷窗开始出现裂纹，纹路就像强化玻璃被打碎之后那种小碎块一样，眼看着它越来越多，转过头一看左边的舷窗也开始出现裂纹……说不恐惧那是假话，你想啊，外边可是 1 600 ~ 1 800 ℃ 的超高温度。

回来之后才知道，飞船的舷窗外做了一层防烧涂层，是这个涂层烧裂了，而不是玻璃窗本身；为什么两边不是同时出现裂纹呢？因为两边用的不是同样的材料。以前每次做飞船发射与返回的实验，返回的飞船舱体经过高温烧灼，舷窗被烧得黑漆漆的，工作人员看不到这些裂纹，而如果不是在飞船里面目睹，谁都不会想到会发生这种情况。

图 3－3　杨利伟进舱之前

图3-4 杨利伟在训练中

3.4 战胜厄运

自古以来，人们就幻想可以像鸟儿一样自由地翱翔，甚至能够飞向星辰。脚踏虚空、身处虚无的太空行走是最接近飞翔之梦的载人航天活动。首先为人类打开太空之门的是苏联航天员列昂诺夫。

1965年3月18日，列昂诺夫以头前脚后的方式，迫不及待地从“上升”2号飞船座舱门飘进更加狭小的气闸舱，别列亚耶夫在后面帮他关紧舱门。这时距离发射升空只有90分钟，航天器进入轨道将近1圈，在对系统进行检查和对气闸舱进行减压后，列昂诺夫打开舱门。

列昂诺夫后来回忆说：“舱门颤动着缓缓地打开，展现在我面前的是太空中的天空。舱门停住了，我向舱门漂浮过去，探出头，看到了一望无际的夜空和点点繁星。那些星星远比在地球上看到的要多得多，而且它们更为明亮，也不闪烁。”当列昂诺夫飘向外面的时候，他抓住了扶手，“太安静了，以至于我都能听到自己的呼吸和心跳。”他回头看了看阳光下的“上升”2号，它看起来就像科幻小说中的东西一样。当他经过黑海和伏尔加河时，他看到的地球景象美妙极了，地球就像“铺开的天鹅绒地毯，多么美的画面啊！我惊叹于它的广袤”。直到别列亚耶夫通过耳机和他说话时，列昂诺夫才从这美妙的思绪中回过神来，想起自己还有工作要做。

然而，事情并没有人们看到的那样完美。在飞船从升空到返回地面的 26 小时里，列昂诺夫和他的指令长别列亚耶夫多次在生死边缘徘徊。

列昂诺夫穿的是一套多层特制航天服，它不仅能保持恒温，还有维持航天员在太空工作 1 小时的生命保障系统。地面气压训练室只能模拟距地球 9 万米高空的气压，而航天员走出飞船时周围则是真空状态。出舱后不久，列昂诺夫离开航天器 7 米远，在脐带的另一端边扭边转。他的航天服鼓了起来，限制了他的行动，他感到弯曲胳膊和腿都很困难，以致无法按动绑在他腿部的相机快门。四肢活动越来越困难，他不得不努力控制它们。他在一个点上一连转了好几圈，而且由于缺乏可以利用的操作装置，他无法使自己停下来，旋转使得脐带像“章鱼一样”缠在他的身上。

由于意识到在太空中这种意外的转动不是一个好兆头，因此他努力解脱自己。但他很快发现，没有东西可以支撑，要保持一个状态需要付出很大的努力。“12 分钟后，航天服里变得越来越热，我感觉背上开始出汗，手变湿了，心跳也加快了。”情急之下，列昂诺夫设法打开航天服上的一个阀门，放掉部分气体后，才得以顺利重返。外界所不知道的是，假如太空行走过程中出现难以收拾的局面，列昂诺夫将服下他随身携带的一粒毒丸自杀。

回到座舱里后，列昂诺夫和别列亚耶夫又差点关不上座舱门。然而，厄运还没结束。飞船降落在风雪交加的原始森林里，他们险遭狼群袭击。尽管救援人员借助直升机确定了他们的位置，但是由于树木太茂密，直升机竟然无法降落，二人直到第二天才被成功救出。

3.5 漂浮无边

苏联抢先实现太空行走壮举后，被约翰逊总统斥责为“落在别人屁股后”的美国宇航局赶紧行动，不到 3 个月，1965 年 6 月 3 日，美国发射“双子星座”4 号飞船。

这次飞行任务由航天员怀特和麦克迪维特承担，飞行时间提高到 5 天。在绕轨道第 3 圈时，在全世界的仰望下，怀特按预定计划在夏威夷上空打开舱门，按地面指令走出舱外，依靠压缩气体式手控装置实现太空机动飞行，历时 21 分钟，成为美国太空行走第一人。为了保险，利用小型机动系统时，他身上连了一根长索，最远时离飞船约 3 米，除身体有些旋转外，一切均正常。

怀特谈到他当时的感受时说："尽管有一根缆索将我与飞船连在一起，但地球终于有了一颗会打高尔夫球的卫星。"怀特由一根绳子拴住身体，在地球上空自由地移动。尽管地球转速很快，但他对这么快的速度一点也没有感觉，也没有下坠的感觉，只有一种做事成功后的满足感。

此次飞行，他们还进行了科学和技术实验，医学测试，利用弹力器来维持肌肉的弹性，拍摄了许多舱外活动和地球大气的照片。由于飞船上的计算机失灵，原定飞行 121 圈的任务没有完成，只飞行了 62 圈，于 1965 年 6 月 7 日再入大气层，并溅落在距卡纳维拉尔角以东 628 千米处的大西洋中，由美国海军的"黄蜂"号舰艇回收。

很可惜的是，1967 年，怀特被指定为阿波罗飞船首次飞行的航天员。但在 1967 年 1 月 27 日的一次地面飞船封闭训练时，飞船内部起火，怀特不幸牺牲，年仅 36 岁。

航天员实现太空行走的方式有两种：脐带式和自由式。脐带式就是给出舱航天员系上一根安全带，因为很像人出生时的"脐带"，所以才称之为"脐带式"太空行走。这条带子一般不超过 5 米，主要有两个作用：一是提供生命保障功能，航天员在舱外所需要的氧气、压力、冷却工质、电源和通信等都是通过"脐带"由载人航天器提供的；二是起保险作用，防止航天员漂离载人航天器太远而回不来。另一种就是不系安全带，通常称之为"自由式"，即航天员身背一个可控制的喷气背包自由飞行。自由式的优点是航天员活动范围大，可达近百米。航天员还可通过绑在航天服前面的开关控制喷气，实现各个方向的移动。这种方式的缺点是喷气背包太重，达 111 千克。

3.6 太空生命线

2008 年 9 月 27 日 16 时 43 分 24 秒，乘坐"神舟"七号上天的中国航天员翟志刚开始出舱进入太空（图 3－5）。16 时 45 分 17 秒，翟志刚在太空迈出第一步，中国人的第一次太空行走开始了。

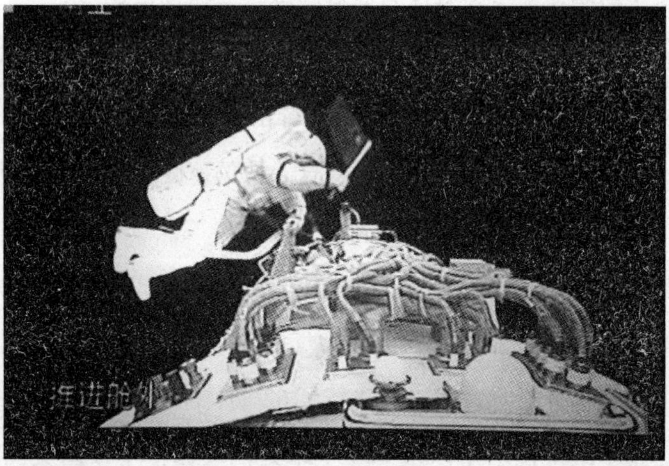

图 3－5　中国太空行走第一人——翟志刚在舱外挥舞国旗

像美国、苏联第一次太空行走那样，翟志刚也是使用脐带式行走。我国飞船使用的脐带主要由两个部分组成。“电脐带”其实主要是通信电缆，内部通过钢缆加固，在行走中以无线电通信为主，但以有线通信作为备用。另外一部分则是安全钢缆，可以随意弯曲但是很难被拉断，是航天员的安全绳。作为航天员的生命线，这种脐带电缆必须具有极佳的信号传输的可靠性、安全性，以及最佳的柔软性。即使是在－80～250 ℃的极端环境下，甚至是弯曲一万次，脐带电缆也能保证信号和数据传输的稳定。

脐带的一端一般系在航天员的重心附近，这样舱内要想拉回航天员相对比较省力，而且不会妨碍航天员的手足动作。而系在飞船上的一端则有专门的脐带接口，并不是简单打个结绑在船上。脐带接口可以遥控拉伸脐带的长度，从而控制航天员出舱的距离，并且在行走结束之后拖拽其返回飞船。

在太空迈开步子并非易事。微重力的环境让身体变得难以控制，空间知觉也会发生紊乱。所以在太空行走之前要进行大量模拟真实场景的训练。如果未做好准备就贸然登空，航天员会出现严重的空间运动病。这些训练包括：失重环境里太空行走的基础训练；稳定身体或将其固定于特定位置或角度；训练利用绳索给身体定向；训练将身体移向特定的目标与方向；运动并掌握节省体力消耗的技巧；防止身体失控的各种技巧。

首先，在训练中，航天员必须时刻注意避免被脐带缠绕，在运动中尽量避开脐带活动。其次，在航天员出舱之后，舱内负责控制脐带收放的人员也要时刻注意脐带的位置，通过收放来控制脐带的状态，以避免舱外行走的航天员被脐带缠绕。最后，如果发生了缠绕的情况，而航天员又无法自行解脱的话，舱内另外一名航天员必须穿着舱外宇航服出舱协助被纠缠的航天员。这也是“神舟”七号必须有3名航天员同时升空的原因之一。当然，如果发生了这种情况，则也有可能出现两名航天员的脐带相互纠缠的情况。如果是这样，则会变得非常危险。当然在过去美国、苏联的太空行走中还未发生过类似的情况，因此应被视为小概率事件。

为了防止减压病，航天员在出舱活动之前要进行吸氧排氮。出于保证关节灵活，不至于在真空中过度膨胀的考虑，舱外宇航服内的压力小于一个大气压(0.1兆帕)。航天员在进入舱外航天服时，需要把体内多余的氮气排出，以氧气代替。如果是两名航天员太空行走，在减压过程中要有一名航天员专门负责处理应急情况，另一名航天员负责照看宇航服与气闸舱相连的“脐带”。

3.7　第一位登上月球的人

1969年7月20日16时17分，全世界轰动了，人类登上了月球！全世界有6亿人从电视中观看了人类这一伟大壮举。

阿波罗飞船登月舱登月后6小时，经过周密的准备，登月舱的门打开了，美国航天员阿姆斯特朗穿着臃肿的航天服，缓慢地从扶梯上走下来，小心翼翼地踏上了月球的土地。他激动地说：“对于一个人来说，这不过是一小步，但对人类而言，却是一大步。”

这句话后来也成了名言，阿姆斯特朗回忆道：“我在舷梯尽头跳了一小步，舷梯触到的月球表面呈沙粒状。我走下“秃鹰”，平稳地站到了月球上。这时候仔细察看才发现，我脚下踩的是很细的、呈粉末状的尘土。脚尖踩上去很松很软，而后形成很美的圈状层次，如同粉末状的焦炭”。

图 3－6　阿姆斯特朗留在月面的脚印

"我只是踩上去浅浅的 1 英寸*，也许只有 1/8 英寸，却看到了我的靴子印，靴底粘满了沙子般颗粒。"阿姆斯特朗发现，这时候向各个方向迈步都没有他想象中那么困难，甚至比他在地面上所做的 1/6 重力的模拟训练还轻松。"刚开始我处于阴影中，十分黑暗，我不大容易看到我的足迹，但当我走了几步后，眼睛逐渐适应了周边的黑暗。"

十几分钟以后，奥尔德林也走了下来，踏上了月球。他激动地在月面和扶梯间跳上跳下。他大声喊道："太好了，太美了！"

他们刚开始迈开双腿往远处走的时候，感到头重脚轻，难以保持平衡。后来他们逐渐地习惯了，学会了在月面上用跳跃的方式迈步。

他们在月球表面拣起石块，把它们扔了出去，观察它们会怎么样，没想到石块竟像皮球一样从月面反弹跳到空中。

为了进行科学实验，他们从登月船里搬出了一些用来观察月球的仪器，主要有月震仪、激光反射镜。地面的科学家通过这些仪器，可以得到月球上的重要资料。

两名航天员在月球表面上活动了2小时30分。在这期间，阿姆斯特朗主要

---

* 英寸为英美制长度单位，1 英寸 =2.54 厘米。

负责采集月球上的各种岩石和浮土的标本，奥尔德林用摄影机拍摄月球景色。他们还把一块特制的金属牌固定竖立在月面上，牌上写着：公元 1969 年 7 月，来自行星地球上的人类首次登上月球，我们为和平而来。在这块金属牌下面放置了 5 名已经牺牲的航天员的金质像章，他们是苏联航天员加加林和科马洛夫，美国航天员格里森、怀特、查菲。

登月船在月面总共停留了 21 小时 30 分，然后他们带着 22 千克月球岩石和土壤标本，驾驶登月舱离开月面，飞到环月的停泊轨道上，同母船会合，启程回航。

全世界瞩目的人类首次登月旅行，从 7 月 16 日发射到返回，历时 8 天多，以 3 名首航月球使者安全返回地球而宣告胜利结束，在人类征服自然的历史上写下了极其辉煌的一页。

3.8 最漫长的一年

1995 年 3 月 22 日，俄罗斯航天员波利亚科夫创造了一项新的世界纪录——在“和平”号空间站上连续工作了 437 天 17 小时 58 分 17 秒。也就是说，他在太空住了 14 个半月，创下了人类历史上宇宙飞行时间最长的纪录。

波利亚科夫的第一次太空飞行就相当引人注目：1988 年 4 月 27 日，他乘“联盟”6 号宇宙飞船上天，在“和平”号空间站上连续工作了 241 天。这两次飞行时长相加，波利亚科夫在“和平”号上的总天数达到了 678 天 16 小时 58 分 6 秒，共绕地球飞行了 10 864 圈，这又是一项世界纪录。

专家们开玩笑地说，在太空飞行这么长时间，完全可以飞到火星去了。实际上，这样的目标已经确定了，而波利亚科夫的亲身实践从生物医学角度证明了飞往火星的可能性。波利亚科夫在飞船着陆后，不用外界的帮助，自己独立从降落舱中走出，显示出超人的能力。而且，在着陆第二天，他就能轻松地散步了，并无需别人帮助自己走去进行医学检查。在此之前，为了实现这一切，科学家和航天员们花费了 33 年的时间。

回顾一下人类航天的历史，加加林在太空飞行了 108 分钟。1965 年 12 月 4

日，美国航天员弗兰克·博尔曼和詹姆斯·洛弗尔突破了10天大关，他们二人在轨道上呆了13天18小时35分31秒。在波利亚科夫创造纪录前，连续太空飞行记录保持者为苏联上校B·季托夫和随船工程师M·马纳罗夫，成绩为365天22小时39分47秒。

最初波利亚科夫计划在太空飞行500天，即按专家们所说的“绕地球飞行8 000周，行程3亿千米”。飞船发射原定于1993年11月中旬，后由于技术原因推迟到1994年1月8日发射。

为了将长时间太空失重飞行对航天员身心的影响降到最低，科技人员可谓煞费苦心：飞船发射前航天员必须接受科学的训练；空间站上精心设计了预防措施；在地面航天员恢复适应训练也已经积累了丰富的经验。

在空间站，研制人员为航天员设置了综合运动器材。航天员可利用拉力器、模仿地球重力的跑步机以及自行车练习器进行体能锻炼。飞行中，航天员使用了“企鹅”型单人加载服。这种加载服可在航天员运动时对骨胳和肌肉系统施加负荷。

尽管如此，波利亚科夫在太空中也不轻松。在浩渺的太空连续工作、生活超过400天，这可不是件容易的事。如此长时间的飞行，人的机体会有什么反应，长期失重会对人的心血管系统造成什么样的影响，人的骨骼组织和免疫系统会发生什么变化等，都是在地面无法预知的。

失重，封闭狭小的空间，单调的食物，同新乘员的相聚，以及周而复始的地球和星空的景象，这一切对于波利亚科夫来说已司空见惯了。他全身心地投入到空间站上的科研工作中，每天工作达十几小时。在关键时刻，波利亚科夫总是显示出临危不乱、镇定解决棘手问题的能力——一名心理医生的素质。

生活中的波利亚科夫平易近人，他能很快地和每一个新到空间站的乘员和睦相处。对于“和平”号这座“空中楼阁”，波利亚科夫是这样评价的：“我喜欢我们空间站上的浴室，那是一个小小的蒸汽室。你钻进去，随身带上一把小樟木刷子……”

3.9 77 岁的太空老人

1998 年 10 月 29 日，为了研究失重状态对老年人的影响，77 岁的美国航天员约翰·格伦乘坐美国“发现”号航天飞机进入太空，成为世界上进入太空年龄最大的航天员。

对研究人体老化在失重条件下的反应来说，格伦是最理想的人选。1962 年，格伦成为围绕地球轨道飞行的第一个美国人，也是世界上第三个进行太空飞行的人（图 3－7）。此后，他一直梦想着自己有朝一日重返太空，为此，他给自己制定了一套严格的生活制度，每天都要跑步、举重、游泳，从 20 世纪 60 年代中期申请参加阿波罗计划到 80 年代美国“挑战者”号航天飞机爆炸这 20 年中，他的愿望均未能实现。1994 年，他在仔细看了美国宇航局的预算之后，产生了一个想法，愿意以自己的老迈之躯作为研究航天飞行对衰老影响的试验品，宇航局局长接纳了他的想法，4 年以后，老格伦终于重又穿上了宇航服，在接受了一系列的训练之后飞上了太空（图 3－8）。

“重力为零！感觉棒极了！”1998 年 10 月 29 日，当载着老格伦和其他 6 名

图 3－7 “水星”任务时期的格伦

图3-8 参加航天飞机飞行训练（左为格伦）

航天员的“发现”号航天飞机从夏威夷上空飞过时，老格伦重复了36年前当他驾驶着“友谊”7号“水星”飞船成为美国首位航天员时向地面控制人员报告时的两句老话。

第一天进入太空，人们从卫星电视上看见老格伦的脸肿了，但是他微笑着。与他一起的航天员帕拉津斯基说：“和格伦一起乘坐航天飞机的感觉就像物理学家和爱因斯坦一起讨论。”第二天，当航天飞机经过澳大利亚偏远的城市珀斯时，珀斯全城的灯光都一起打开，向老英雄格伦致敬。

77岁的老格伦此次太空旅行历时9天共计214小时，绕地球飞行134周，总航程达592万千米，他在太空中接受了人体衰老试验。一想到每天要不断抽血、打针，老格伦就对针头产生了厌恶感。但是他说：“如果在人生的这个阶段，我能为科学做贡献，扎针的疼痛并不算什么，做一只带有人类基因的试验‘猪’也是很有意义的。”

返回地球后，格伦在曼克顿市与其妻安妮坐敞篷车游行，接受市民的夹道欢迎。当记者问格伦是否可能第三次飞上太空时，格伦说：“我是绝对愿意！”不过，他表示这得向夫人请示。

3.10 第一位女机长

艾琳·柯林斯是世界女航天员群体中一位名声显赫的人物，她不仅参加过4次太空飞行，而且还是航天飞机的第一位女驾驶员、第一位女指令长，同时还是一位英姿飒爽的美女航天员。她长得端庄优雅、落落大方，具有一种职业女军人的气质与魅力。

柯林斯1956年生于美国纽约州埃尔迈拉市，她从小就崇拜飞行员、航天员，崇拜各种各样的探险者，梦想有一天也能和他们一样。1990年，柯林斯成为航天员。之前，她是美国空军的一名试飞员。

在柯林斯成为航天员之前，美国已经培养出许多位女航天员，而柯林斯成为女航天员后，一个人创造了世界航天史上的两个第一。1995年2月，39岁的柯林斯首次飞向太空就一鸣惊人，她作为世界上第一位航天飞机女驾驶员，驾驶“发现”号航天飞机在STS－63飞行任务中，实现了与俄罗斯“和平”号空间站的历史性对接。

根据柯林斯在这次飞行中的出色表现，美国宇航局的官员认为她担任航天飞机指令长只是个时间问题。1997年5月，柯林斯驾驶“亚特兰蒂斯”号航天飞机再度进入太空，执行STS－84任务。经过两次驾驶航天飞机的实践，柯林斯的太空飞行经验已经十分娴熟，具备了担任女指令长的资格。1998年3月，当时的美国第一夫人希拉里·克林顿在白宫宣布了对柯林斯的任命。总统克林顿也接见了她，并评价说，柯林斯指挥航天飞机飞行“表明人类征服太空的障碍已经减少，同时也表明了男女平等”。

1999年7月23日，已经是一个孩子母亲的柯林斯，作为世界上的第一位航天飞机女指令长，乘“哥伦比亚”号航天飞机第三次飞向太空，指挥机上的4名航天员圆满完成了STS－93任务，成功地把价值15亿美元的“钱德拉”X射线天文望远镜送入轨道。

2005年7月26日，柯林斯再次名扬世界。那是美国继2003年“哥伦比亚”号航天飞机失事两年多后的首次飞行。当时，“哥伦比亚”号失事的阴影未散，

图3－9　柯林斯镇定动人的笑容

其他航天飞机又进行了多项改进，飞行中充满风险，成败难测。在这种严峻的形势面前，柯林斯不畏艰险，第二次担任指令长，率领机组人员乘“发现”号航天飞机重返太空，圆满完成了 STS－114 任务，重振了美国载人航天飞行的雄风。当“发现”号进入大气层，重返地球时，地面控制中心特地播放了一首 20 世纪 80 年代美国的流行歌曲《来吧，艾琳》，向胜利归来的柯林斯致敬。

尽管柯林斯在太空是一位“胆大包天”的女航天员，但在地面上她却不失女性的温柔和母爱。在 1999 年 7 月的飞行之前，柯林斯担心航天飞机发射的巨响吓着幼小的女儿，便细心嘱咐丈夫捂紧孩子的耳朵。返回地球后，她迫不急待地抱起女儿说：“我有两份工作，一是驾驶飞机，二是做母亲。做母亲使我更加细心周到。”

经过一批又一批航天勇士的不懈探索，人类已积累了丰富的航天经验，载人航天技术也正逐步走向成熟，现在，我们不用担心航天员的基本人身安危，但我们仍面临着许多亟待解决的技术难题。在今后很长一个时期内，人类仍需要大批的航天勇士，在太空继续探索未知的领域，创造更多的辉煌。

4　天河泛舟

1957年10月4日，全世界的目光都投向了当时最大的社会主义阵营——苏联。这一天，一颗人造地球卫星以每秒8千米左右的必要轨道速度由苏联地面飞向太空，从此，人类活动范围从陆地、海洋、大气层扩展到宇宙空间，宇宙空间成为人类的第四疆域。人类太空泛舟的历程也从那一天拉开了帷幕。

4.1　“东方”号飞船

20世纪50年代末期，赫鲁晓夫从第一颗人造卫星的成功发射中，清楚地认识到航天技术的发展对苏联国际地位的提高会起到很大的作用，而且在外交台面上如果有了这张王牌也可以增加自己谈判的筹码，因此他积极地支持苏联的载人航天计划。与此同时，苏联航天专家们也清楚地知道美国无论在卫星还是运载火箭的技术上绝不逊于自己，如果不继续努力，很有可能就被超过。实际上在1958年以后，美国发射人造卫星的数量和获得的科学成就已经很快地超过了苏联。

苏联第一艘载人飞船取名为“东方”（Vostok）号，1961年4月至1963年6月共发射6艘。1961年4月12日，苏联航天员加加林乘“东方”1号飞船绕地飞行108分钟，安全返回地面，成为世界上进入太空飞行的第一人。

“东方”号飞船由球形密封座舱（图4－1）和圆柱形仪器舱组成，重约4.73吨，在轨道上飞行时与圆柱形的末级运载火箭连在一起，总长7.35米。座舱直径2.3米，能乘坐1名航天员。仪器舱最大直径2.43米，高2.25米，重2.27吨。在紧靠座舱处有18个球形高压氮气和氧气瓶，用以为航天员提供尽可能类似地面的大气环境。

图4-1 “东方”号飞船座舱

座舱采用球形，这主要考虑飞行器返回时经过大气层，大气分子与飞行器发生碰撞会产生极大的热量，而球形可以很好地减少这种不利因素的影响，并且能在各种速度下保持稳定。在球形座舱的外部安装了不同的遥控天线和通信天线，通信天线的下端是一个小型的电子设备舱，舱的侧面还有一个圆形的观察窗和一个弹射窗，内部除装有生命保障及食物外，还有一台电视摄像机、一个光学定向装置、一个航天员观测装置和航天员应答装置，航天员按设计一直躺在弹射座椅上，生命保障系统可供航天员生存10昼夜。

起初考虑航天员的安全，苏联宇宙飞船总设计师科罗廖夫曾提出海上回收的方案，但苏共总书记赫鲁晓夫出于保密性的考虑，坚持要求在陆地回收，而当时陆地回收的技术还不成熟，很可能会威胁航天员的安全。最终不得不采用了一个折中的办法：返回前，抛掉末级火箭和工作舱，座舱单独再入大气层。待座舱下降到距地面约7千米时，航天员必须按动弹射装置按钮，连人带弹射座椅一块射离飞船座舱，然后依靠降落伞降到地面。这种回收方法并不安全，因为航天员在弹射时的速度比飞机弹射时快得多，航天员用降落伞能否着陆成功专家们也不敢保证。1960年12月用动物做弹射降落试验时就发生了死亡事故。

“东方”号飞船的轨道设计有一个突出的特点，就是采用近地点只有180千米的低轨道，在这样低的高度大气对飞船轨道衰减十分厉害。这种设计有几大优点：一是如果制动火箭系统失灵，飞船可以在 10 天内逐渐衰减降低轨道，最终以不太大的再入速度返回地面；二是飞船设计可以不必考虑复杂的轨道保持系统，简化了设计；三是由于飞船不是垂直高速再入而是缓慢地大倾角再入，因而使烧蚀防热设计更容易些。但这也随之带来了一个严重的缺点，就是飞船的再入和着陆点很难预测，而且往往离发射场地很远。

4.2 “上升”号飞船

“上升”号飞船的匆忙研制和飞行，其命名折射出了在当时苏美太空争霸背景下，苏联共产党第一书记赫鲁晓夫争取第一的竞争心态。

1963 年底，一家美国刊物透露，美国将在 1964 年春进行两次不载人的发射——“双子星座”和“阿波罗”飞船。这使赫鲁晓夫感到着急，于是命令苏联宇宙飞船总设计师科罗廖夫在下一个革命节，即 1964 年 11 月 7 日前把三位航天员同时送上天，压倒美国。

这使科罗廖夫大感为难：设计新飞船时间上来不及，仍用“东方”号又容不下 3 名航天员，最后的解决办法只能是“冒险”，在“东方”号的基础上改装。原先的 1 张座椅改为 3 张，并排放不下，改为三角形置放。由于运载火箭的最大载荷不过 5 300 多千克，所以苏联进口了新的无线电设备和仪器，取代原先“东方”号上笨重的设备。为把重量降到最小限度，科学家们将不必要的螺栓等拆卸下来，尽量减轻每 1 克多余的重量。最后连 3 名航天员的食物也只局限于水果、蔬菜和肉类这些“实实在在”的东西，终于过了“重量关”。与此同时，苏联科学家还解决了航天员的着陆问题。“上升”号舱内挤了 3 名航天员后当然不能再使用弹射座椅，熔接密封的座舱决定了他们必须和飞船一起着陆。经过反复试验，最后制出了用卡普隆合成材料做成的降落伞。这种降落伞能使飞船座舱整个地安全着陆。

“上升”号一共只发射了 2 艘。1964 年 10 月 12 日发射的“上升”1 号飞船在轨道上飞行了 24 小时 17 分。在飞行中，3 名航天员按照惯例用无线电话和在

图4-2 “上升”号飞船模型

黑海别墅的赫鲁晓夫通了话，但整个航行没有获得任何具有科学价值的成果。

1965年3月18日，“上升”2号航天员将实现人类历史上的第一次太空行走。美国航天员到太空行走的计划是降低座舱压力，打开舱口出入。苏联采用了一个简便办法，在舱口安装了一个轻便的通道。进入宇宙的航天员先进入这个通道，由另一名航天员从后面封闭通道口，然后那位航天员就能打开舱口进入宇宙。“上升”2号比“双子星座”3号早飞了五天，航天员阿列克塞·列昂诺夫在宇宙中“行走”了9分钟。谁知当他奉命重新返回宇宙飞船时，他的宇宙服如同气球似地膨胀起来，怎么也不能从轻便管道口进入飞船座舱。他费了九牛二虎之力，想了许多办法，一共用了8分钟才挤进座舱。

在“上升”2号飞行途中，赫鲁晓夫再一次用无线电话与航天员通话。通话结束时，他说了一句很奇怪的话：“我要将麦克风交给米高扬同志了，他干脆是从我手中抢走的，我想我不能制止他。”航天员似乎没有理解他的处境，向地面回话：“没有关系，赫鲁晓夫同志，您在地球上等着我们，我们一定会再见的。”

“上升”2号宇宙飞船绕地球航行了17圈，完成了太空行走，并于7天后顺利返回基地。在热烈的欢迎仪式中，他们的党和国家领导人赫鲁晓夫却缺席了。此时，他呆在克里姆林宫的某个角落里，因突然被逼下台而痛苦地陷入了沉思。

4.3 “水星”计划

早在20世纪40年代末，美国的许多军事和研究部门就开始了载人航天所需的各种技术和可能性的研究工作，提出了大量的论证报告和方案，但是由于各单位独立行事，缺乏合作思想，局面十分纷乱，因此并没有形成可执行的计划。这种状况直到1958年才得以改观。不过也正因为这种“百花齐放”的局面，美国在载人航天的基本技术方面取得了很多有价值的研究成果。比如，这一时期提出的逃逸救生塔方案和用于减弱过载的“轮廓座椅”，在后来的载人航天计划中都获得了应用。

为了尽快结束航天事业发展中的混乱局面，更快地发展航天技术，美国在1958年制定了太空法案，以法律的形式确定了太空研究的计划、方向和目标，并且成立了新的机构——国家宇航局（NASA），将有关航空航天发展计划都纳入到该组织中。1958年8月8日，NASA正式接手载人航天计划，并于10月公布了“水星”号载人飞船计划。

“水星”计划所要达到的目标与“东方”号计划基本相同。工程师们设计了一个圆锥形的飞船，总长约2.9米，底部直径约1.8米。飞船的顶端还有一枚逃逸火箭。底端的制动火箭为回收时提供脱离轨道的推力。进入大气层时，飞船底端的烧蚀材料用于防热。当座舱落入较低的大气层时，顶端的降落伞打开，使航天员和座舱安全地降落在海洋中（图4-3）。

为了争取美苏这场太空竞赛的第一，美国的工程师们做了很大的努力。可“水星”号早期的实验并不顺利，发生了多次事故。1961年春季这种情况似乎有了好转，1月和3月的两次实验都取得了良好的成果。为了在太空竞赛中抢先一步，太空任务小组提议提前进行载人航天飞行，但火箭专家冯·布劳恩却坚持要按原计划进行。4月12日，加加林实现太空飞行后，时间显得更加紧迫。令美

图 4-3 “水星”飞船从海上溅落

国人可以稍许宽慰的是，5 月 5 日，航天员阿兰·B·谢帕德乘坐代号为“自由”7 号的“水星”飞船实现了一次亚轨道飞行，这次飞行被赫鲁晓夫称为“跳蚤的一跃”。之后美国又进行了几次亚轨道和轨道飞行试验，对轨道飞行进行了充分的验证。1962 年 2 月 20 日，航天员约翰·H·格伦乘坐“友谊”7 号“水星”飞船终于实现了美国人的航天梦。此后，美国又进行了 3 次“水星”号载人太空飞行。整个计划于 1963 年 5 月结束，共耗资 3.926 亿美元。

“水星”计划虽然晚于苏联 10 个月才实现轨道飞行，但其技术上取得的成就却比“东方”计划更大，比如：美国在整个计划中，将多种导弹改进作为运载火箭，从中获得了丰富的经验，这为后来的大型航天计划创造了必要条件。同时，“水星”计划在技术上虽然比较复杂，可整个开发过程比较科学，具有推广的潜力，并且发展了几项新技术，在大型航天计划的管理上也积累了相当的经验。

4.4 “双子星座”飞船

“水星”计划尚未结束，当时的美国总统肯尼迪已经很明确地提出，把登月作为载人航天的发展目标。因此，美国宇航局花了两年时间来设计第二代飞船，即“双子星座”飞船，作为“阿波罗”计划和“水星”计划中间的过渡计划。而且这一计划的目的相当明确，主要是完善飞往月球所需的关键但尚未经过测试的技术，包括轨道变换、轨道交会、轨道对接以及在轨道上进行太空舱外活动。

“双子星座”飞船基本呈圆锥-钟形，重3.2~3.9吨，全长5.7米，底部最大直径3米。飞船由再入舱和连接舱两部分组成，飞船再入前抛弃连接舱，仅回收再入舱。

再入舱有3个舱段。交会和回收段：内装交会雷达、交会和对接装置、制动伞、导伞和主伞。再入控制段：内装再入控制系统的燃料和氧化剂箱、16台再入控制发动机以及阀门管路等。座舱段：内装生命保障系统、仪器、电子设备以及各种实验装置。座舱内还装有供两名航天员使用的应急弹射座椅，一旦飞船在发射台上、起飞过程中、返回地面时发生事故，弹射座椅就为航天员提供救生措施。

连接舱有两个舱段：内装4台固体制动发动机的制动段，内装各种通信电子设备、燃料电池、氧气、冷却剂、储水箱、轨道姿态发动机和机动发动机（各8台）及其推进剂储箱等的设备段。连接舱内壁还有许多流动冷却液的管子，相当于空间热辐射器。

“双子星座”计划从1961年11月开始，到1966年11月结束，5年间总费用为12.834亿美元，共进行了10次载人飞行，总计飞行时间971小时48分。整个飞行期间，航天员共进行了52项试验，在不同高度上拍摄了1 400张地球彩色照片，全面地研究了人在太空中长期工作和生活的情况，为航天技术人员及地面机组人员提供了发射火箭所需的大量实践活动。

1965年3月23日，“双子星座”3号飞船进行了第一次载人太空飞行，航天员维吉尔·格里森和约翰·杨完成了这次飞行，飞行中航天员启动推进器改变自己的轨道形状，实施了倾角的微小改变。两个月后，航天员詹姆士·麦克迪维特和爱德华·怀特乘坐“双子星座”4号进入太空飞行了5天，并且在绕轨道第三圈时，由怀特实现了美国人首次的太空行走，出舱时他身上连着一根管缆，利用一个手持的小型火箭来实现太空机动。

“双子星座”计划的一个重要任务是实现轨道交会与对接。1965年12月4日和12月15日“双子星座”7号和“双子星座”6号分别进入太空，实现了太空交会，在间距只有40米的情况下持续飞行了7个多小时，最近时只有0.3米。

1966 年 7 月 18 日“双子星座”10 号飞船载着约翰·杨和迈克尔·科林斯进入轨道，实现与“阿金纳”3 号火箭的对接任务，完成了登月计划的关键技术。接着“双子星座”11 号和 12 号飞船又分别实现了两次对接任务。

到“双子星座”12 号飞行结束时，美国航天员已经有了 2 000 小时的太空飞行记录，而此时苏联的飞行时数只有 500 多小时，美国人至此开始领先于苏联。

4.5 不老的神话

“联盟”号飞船是苏联在积累了多年经验之后，所开发出来的一种最成熟的载人航天器。

“联盟”号飞船由生活舱、返回舱和仪器设备舱三个主要舱段组成，生活舱在前，返回舱居中，仪器设备舱置后。生活舱和返回舱为气密舱，是航天员生活和工作的舱段。飞船的最前端安装有交会雷达和杆－锥式对接机构等交会对接设备及舱门，以便与空间站进行交会对接，实现与空间站的停靠和气密连接，航天员进出空间站。航天员生活设施、饮用水和食品等，设置在生活舱内。在生活舱的侧面有一个舱门，发射前，航天员经此舱门进入飞船。为了保证生活舱和返回舱与外界太空有良好的隔热性能，以便为舱内温度控制创造条件，在这两个舱的外面穿了一件“棉衣”——柔性隔热层。所有“联盟”号系列飞船返回地面时，均以降落伞在陆地软着陆。

“联盟”号飞船于 1967 年 4 月 23 日首次发射，经过数次改进和改型，形成“联盟”系列飞船。1969 年 1 月，“联盟”4 号飞船同“联盟”5 号飞船实行了人类历史上第一次交会和对接。“联盟”5 号上的航天员阿列克谢·叶利谢耶夫和叶夫根尼·赫鲁诺夫穿上宇宙服进入了“联盟”4 号。苏联人把对接后的组合飞船称为世界上第一个宇宙空间站。

由“联盟”号飞船衍生出的其他航天器包括以下几种：

“联盟”T，这是“联盟”号的直接升级物和替代品。“联盟”号飞船和改进后的“联盟”T 飞船一起，主要承担了礼炮号系列空间站的天地往返运输任务。“联盟”T 飞船设计成可载 2 或 3 人，也可无人飞行，从 1979 年 12 月至 1986 年

3 月共发射了 15 艘。

“联盟”TM，它是“联盟”T 的改进型，改进主要涉及飞船的对接系统、通信系统、推进系统、应急救生系统和降落伞系统。它的主要任务是把航天员送入“和平”号空间站，待航天员完成任务后再把航天员送回地面。从 1986 年 5 月至 2002 年 4 月底共发射了 34 艘，其中“联盟”TM1 为不载人试飞。“联盟”TM 飞船起飞重量 7.07 吨，全长 6.98 米（不包括对接机构），返回舱最大直径 2.2 米，太阳能电池阵展长 10.7 米。

为了充当国际空间站的救生艇，适应美国及其他国家航天员身高和体重要求，俄罗斯对“联盟”TM 飞船进行了改进，对返回舱布局及着陆缓冲装置进行了改进；对电子设备进行了改进，使其更具先进性。改进后的“联盟”TMA 飞船于 2002 年 10 月 29 日升空，它可以运送个子更高、体重更重的航天员，这是俄罗斯航天部门现在拥有的唯一一种可载人航天器。

图 4－4 “联盟”号飞船在哈萨克大草原着陆

为适应向空间站运送货物的需要，从 1978 年开始，苏联把“联盟”飞船的环境与生命保障系统返回着陆、应急救生等与人有关的系统去掉，改装成“进步”号货运飞船。“进步”号飞船由仪器舱、燃料舱和货舱组成，货舱容积 6.6 立方米，可运送 1.3 吨货物，自行飞行 4 天，与空间站对接飞行可达 2 个月。从第五艘“进步”M 飞船开始，还可以带回一个再入小舱，以便运回在空间站上生产的材料样品以及其他科学资料。

2001年，新型货运飞船“进步”M1投入使用，其燃料储备比“进步”M增加一倍，载货量大大提高，通信联系功能更强，与空间站对接后飞行时间也增加到180天。

4.6 美苏太空握手

许多历史学家认为，1975年7月苏联的“联盟”19号和美国“阿波罗”对接任务标志着两国空间竞赛的结束。

这是历史上第一次由两个国家合作的载人航天任务。美方指令长是托马斯·斯坦福德，在此之前，他曾执行“双子星座”6A、“双子星座”9A、“阿波罗”10号，指令舱驾驶员是文斯·布莱德，此后又执行了3次航天飞机任务。对接舱驾驶员是迪克·斯莱顿。苏联方指令长是第一位太空行走英雄列昂诺夫，另一位航天员是库巴索夫。

美苏太空握手的想法一定程度上来自1968年的电影《蓝烟火》，在影片中，美国的阿波罗团队救援了一艘苏联太空船。由于任务使用的“土星”1B号运载火箭以及阿波罗指令/服务舱都是阿波罗计划中遗留下来的多余设备，这次任务也是历史上耗费专项资金最少的航天任务。

7月15日，“联盟”19号以及阿波罗飞船分别在各自的国家间隔7.5小时发射，并于7月17日在太空对接。3小时后，颇具政治色彩意义的航天员互访活动戏剧性地开始了。对接通道的舱门打开，两艘飞船的指令长斯坦福德准将和列昂诺夫上校在对接通道里热烈地握手、拥抱。列昂诺夫还用英语说：“很高兴见到您。”此时飞船运行在法国梅斯上空。

两国的航天器连接了44小时，进行了4次会见。第一次会见持续了10小时，两国航天员相互交换国旗。在此期间，苏联领导人勃列日涅夫发去了贺电。他说：“我以苏联人民和我本人的名义，对你们完成的这一重大事件——苏联‘联盟’19号飞船第一次同美国‘阿波罗’号飞船对接，表示祝贺。”美国总统福特也通过无线电和航天员通了话。他说：“先生们，让我对你们的辛勤工作和你们在第一次联合飞行前的全部准备工作取得的成就表示最诚挚的敬意。所有在华盛顿、在美国的人都在向你们成功地完成了交会和对接任务表示最热烈的祝贺。我最衷心地祝愿你们成功地完成联合飞行其余的全部任务。”列昂诺夫也跟福特总统通了话。他说：“总统先生，我可以肯定地说，我们的联合飞行只是我们两国未来太空合作的开始。”

第二天即 7 月 18 日，两艘飞船的航天员又进行了第二次互访。在这次互访的末尾，斯坦福德通过无线电向苏联人民说了一段未在计划之内的话：“亲爱的苏联电视观众，让我代表美利坚合众国向你们转达美国人民的最良好的祝愿。对全体航天员来说这是一个幸福的时刻。经过两年的共同准备和训练之后，我们为能在这里进行第一次国际太空飞行感到幸福，非常幸福。我们航天员不仅在一起协同工作，而且变成了好朋友。我相信，我们的共同工作和友谊在这次飞行之后会继续下去。我同样相信，亲爱的电视观众，这次飞行打开了通向我们两国进一步合作和友谊的道路。”列昂诺夫接着用英语说：“我们的联合飞行只是未来更大的太空合作的开端。”

图 4－5　美苏联合飞行的 5 名航天员

（左起：斯莱顿 、斯坦福德、布莱德、列昂诺夫、库巴索夫）

两艘航天器还曾暂时分离，互换了位置并再次对接，让“联盟”号推动整个航天器运行。“联盟”号在太空停留了 5 天，“阿波罗”飞船停留了 9 天，苏联的两位航天员还进行了地球观察实验。两艘航天器分离之后，“阿波罗”飞船通过机动创造了一个日食，使“联盟”号上的航天员拍摄日冕照片。两艘飞船在告别之前又再次进行了一次对接。

4.7 天河神舟游

中国走着一条低成本、高效益的载人航天发展道路。中国载人航天计划从1992年起步，经过20年的努力，截至2013年，成功发射10艘飞船、1个目标飞行器，5次把航天员送上太空；中国已成为世界上第3个完整掌握载人航天基本技术的国家。中国“神舟”成为享誉世界的品牌。

中国载人航天计划分三步来实施。其中，第一步是发射无人和载人飞船，将航天员安全地送入近地轨道，进行对地观测和科学实验，并使航天员安全返回地面。第二步是继续突破载人航天的基本技术：多人多天飞行、航天员出舱在太空行走、完成飞船与空间舱的交会对接。在突破这些技术的基础上，发射短期有人照料的空间实验室，建成完整配套的空间工程系统。第三步，建立永久性的空间实验室，建成中国的空间工程系统，航天员和科学家可以来往于地球与空间站，进行规模比较大的空间科学实验。

“神舟”系列飞船与俄罗斯的“联盟”号飞船外貌相似，从再入方式、着陆精度和再入过载峰值等指标上大致与“联盟”TM飞船相当，但具备全新的结构和更大的尺寸，是全世界目前正在运用的空间最大的载人飞船，为航天员的工作和生活创造了更为舒适的环境。

2003年10月15日，我国第一艘载人飞船——“神舟”五号发射成功，杨利伟成为浩瀚太空迎来的第一位中国访客。与国外在正式载人之前发射10多次无人飞船不同，中国航天人在只进行了4次无人飞船试验后，就开始了真正的载人飞行。

2005年10月12日，中国航天员费俊龙、聂海胜乘坐“神舟”六号飞船在经过115小时32分钟的太空飞行，完成中国真正意义上有人参与的空间科学实验，“神舟”六号载人飞船返回舱于17日凌晨4时顺利着陆。

2008年，翟志刚、景海鹏和刘伯明乘坐“神舟”七号飞船圆满完成了中国首次太空行走任务。2011 年 11 月 1 日发射的“神舟”八号首次实现与天宫一号空间实验室交会对接，神舟飞船正式定型。2012 年，“神舟”九号载着 3 名航天员与天宫一号对接成功，并成功实现联合飞行。2013 年 6 月 11 日，“神舟”十号搭载 3 名航天员飞向太空，在轨飞行 15 天，并首次开展我国航天员太空授课活动。

图 4－6　“神舟”七号飞船返回舱在内蒙古着陆

“神舟”飞船从研制开始就瞄准了国际先进载人飞船水平，迈过美国和苏联几十年间无人飞船—单人飞船—多人飞船的发展历程，直接采用多人多舱的设计方案，由推进舱、返回舱、轨道舱和附加段构成，总长约 9 米，总重约 8 吨。这种“三舱一段”的结构与总体方式具有鲜明的中国特色。轨道舱可留轨半年，继续进行空间科学实验和应用实验。

“神舟”飞船由专门为其研制的长征二号 F 火箭发射升空，发射基地是酒泉卫星发射中心，回收地点在内蒙古中部的草原上。长征二号 F 系列运载火箭在可靠性、安全性、成功率和入轨精度等方面达到了国际一流水平。它还采用中国特色的总体技术方案——垂直总装、垂直测试、垂直转运和远距离测试发射，建设了载人航天发射场，在世界航天界独树一帜。中国自主研制的天链一号 01 星、02 星、03 星中继卫星已经投入使用，建成了新一代陆、海、天集一体的航天测控网，测控通信的覆盖率由以前的 17% 提升到现在的 100%。

4.8　欧洲之舟

作为欧洲对国际空间站计划的贡献，ATV 飞船都是以欧洲著名的科学家名字命名的，以彰显欧洲在科学、技术和文化领域的深厚底蕴。

欧洲首艘自动货运飞船 ATV－1 飞船以法国著名科幻作家儒勒·凡尔纳的名字命名。2008 年 3 月 9 日，法属圭亚那库鲁航天中心升空首飞时，“儒勒·凡尔纳”号的货舱里装满了清水、燃料、太空食品和科研用品，还有一本儒勒·凡尔纳的科幻小说《从地球到月亮》。

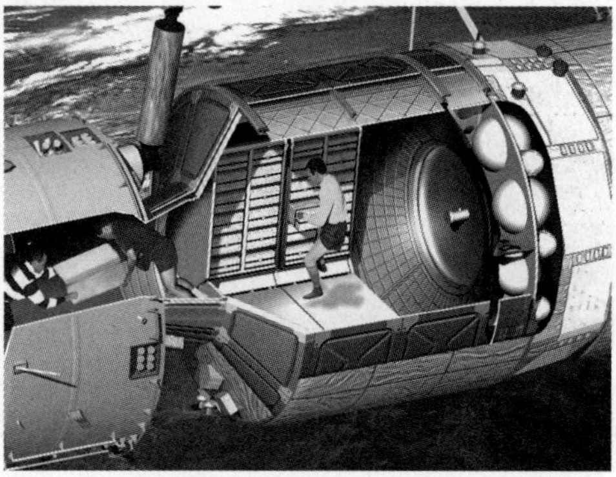

图 4－7　航天员从“儒勒·凡尔纳”飞船上卸货

欧洲空间局制造的自动货运飞船重约 20 吨，低轨道运货能力接近 8 吨，大于俄罗斯的“进步”货运飞船。ATV 飞船除了向国际空间站运送货物外，还可用作太空拖船，在必要时帮助国际空间站提升轨道。ATV 飞船的一大特点是具有先进的高精度导航能力，可在较少地面控制的情况下自动与国际空间站对接。

ATV 飞船呈圆筒状，全长约 10.3 米，最大直径约 4.5 米，体积相当于英国伦敦街头常见的双层公共汽车。飞船由推进舱、电子设备舱和加压舱三部分构成。它的外部有 4 个“太阳翼”，每个“太阳翼”由 4 块太阳能电池板构成，翼展可达 22 米，看上去就像两对“翅膀”。

欧洲第二艘货运飞船 ATV－2 以欧洲天文学家约翰内斯·开普勒的名字命名，于 2011 年 2 月 16 日在法属圭亚那库鲁航天中心发射。

第三艘货运飞船 ATV－3 命名为“爱德阿多·阿玛尔迪”号，以纪念这位第二次世界大战后意大利物理学的领军人物和航天领域的先驱，他因推动物理实验学和对引力波的认识而闻名。

欧洲将第四艘 ATV 命名为“阿尔伯特·爱因斯坦”，这是源于瑞士向欧洲空间局所提出的申请，因为飞船的支架部分由瑞士负责建造。

4.9 日本“鹳”起舞

在日本传统文化中，“鹳”表达了这样一种意象：它在向人们运送一件非常重要的东西（孩子、幸福或者其他快乐的东西）。这恰好体现了日本货运飞船HTV的使命——向国际空间站运送必需物资。

日本宇宙探索局在2010年8月27日至9月30日，举办了日本宇宙探索局专门为国际空间站计划研发、由三菱重工制造的不载人货运飞行器HTV货运飞船的命名征集活动，并向民众普及和宣传日本首艘飞船。该局收集到命名方案总计17 236件，共选取了17 026件作为候选方案，其中提到“鹳”的有217件。日本宇宙探索局向所有参选者发放了纪念证书，并赠送精美商业礼品。所提方案获选者，还获得了赴种子岛航天中心观看HTV飞船现场发射的机会。

“鹳”号飞船呈圆筒状，全长约10米，最大直径约4.4米，能装载约6吨货物，发射时的重量约16.5吨，与运载火箭分离后能自主飞行直到空间站，以机械臂方式与国际空间站对接，它能够将6吨的补给运送到国际空间站，然后将废物运回地球并在大气层内燃烧掉。

作为国际空间站补给物资的运输工具，除日本的空间站转运飞行器外，还有俄罗斯的“进步”飞船、欧洲的自动货运飞船（ATV）和美国的“龙”飞船等，但是同时运载空间站内部和外部用物资，则是日本的空间站转运飞行器的特长之一。“鹳”号飞船也是当今世界上最大的货运飞船。

“鹳”号飞船由加压货舱、非加压货舱、暴露集装架、电子模块和推进模块组成，还搭载有通信系统、天线和反射板等设备。加压货舱主要运载国际空间站内部用补给物资，包括实验台、饮用水和衣物等，当空间站转运飞行器处于和空间站对接状态时，航天员们能够进入加压货舱作业。暴露集装架收藏于非加压货舱内，是运送国际空间站外部实验装置和电池的货架。

2009年9月11日，日本首艘货运飞船“鹳”2号（HTV－1）由H2B火箭从日本种子岛空间中心发射升空，为国际空间站运送实验设备、食品等补给物资。11 月 1 号，HTV－1 携带着国际空间站上的垃圾，成功再入大气层，在太平洋上空划出一道耀眼的弧线后坠入海中。

2011 年 1 月 22 日，日本第二艘货运飞船“鹳”1 号（HTV－2）为国际空间站送去重约 5 吨的物资，包括食物、水与供航天员使用的实验设备，并于日本时间 30 日正午后返回大气层内烧毁。

2013 年 7 月 21 日，日本利用 H2B 火箭向国际空间站发射了“鹳”号无人货运飞船，这艘飞船向国际空间站运送各类补给和科研物资，这是日本发射的第三艘“鹳”号无人货运飞船。日本计划到 2016 年共发射 7 艘“鹳”号无人货运飞船。

2013 年，日本启动了“鹳”号货运飞船后续型号 HTV－R 的研制工作，其首次飞行定于 2017 年。

4.10 “龙”船上天

美国东部时间 2013 年 3 月 1 日上午 10 时 10 分，“猎鹰”9 号运载火箭在卡纳维拉尔角空军站发射了为国际空间站运送补给物资的又一艘“龙”飞船。两天后，“龙”飞船由站上航天员操纵机械臂捕获，随后停泊到“和谐”节点舱上。

这是“龙”飞船第二次执行美国宇航局“商业补给服务”合同下的正式空间站补给任务。船上携有约 848 千克补给物资和科学设备，包括实验设备、空间站维护部件、食品和衣物。与以往飞行不同的是，飞船的不增压舱段首次用于向空间站运送设备。

自人类探索太空以来，几乎所有航天活动都由政府主导，纯商业运作的私人企业凤毛麟角，直到“龙”飞船横空出世。“龙”飞船的名字来自于美国民谣歌曲《神龙帕夫》。“龙”飞船是世界上第一艘由私人公司研发的航天飞船，由太空探索技术公司牵头研制，采取 7 人座和宽货舱设计，整体外形呈子弹状。太空探索技术公司成为继美国、欧盟和日本后，第 4 个拥有与国际空间站对接能力的实体。

2009 年奥巴马就任美国总统后，决意鼓励美国民营企业进军太空市场，推动太空活动商业化，希望太空飞行由政府控制转为商业运作。特别是美国航天飞机全部退役后，美国向国际空间站运送人员和货物均需依靠俄罗斯。美国宇航局启动了“商业补给服务”的项目，通过开放技术、投资以及提供测试场、发射场和测控等多种优惠条件，鼓励私营企业开发往返空间站和地面的“太空巴士”。太空探索技术公司2008年赢得价值16亿美元的合同，“龙”飞船将执行12次空间站往返运输任务。获得该项目合同的还有轨道科学公司，所使用的将是其“心宿二”运载火箭和“天鹅座”货运飞船。轨道科学公司的合同价值19亿美元，涉及8次飞行。

2012年5月22日，“龙”飞船搭乘太空探索技术公司用自行研制的“猎鹰”9号火箭从佛罗里达州卡纳维拉尔角发射升空。国际空间站因此迎来首个私营企业制造的航天器，这也是航天飞机退役后，美国首次向国际空间站运送物资，开启了私营企业进入航天领域的新时代。“龙”飞船与国际空间站对接约飞行了两周，随后承载600多千克载荷返回地球。

2012年10月7日，“龙”飞船发射升空，首次正式向国际空间站运送重达455千克的货物。这些货物用于支持空间站第33长期考察组开展的166项实验。飞船在10月底返航时运回了约330千克的科研材料。

美国政府推动私人企业在太空领域冒尖，将很有可能改变未来全球航天事业的格局，特别是其商业模式一改过去举国体制下“集中力量办大事”，也不同于少数几家巨头垄断整个市场分享政府大订单的传统模式，其长远影响可能是颠覆性的。

“天鹅座”飞船计划于2013年进行首次演示验证飞行。“天鹅座”飞船总长3.66米，最大直径3米，重1.5吨，一次最多能运送2.7吨的加压货物到达国际空间站。飞船不具备返回能力，但可装载1.2吨的废弃物再入大气层烧毁。

中国载人航天工程选择以载人飞船起步，先突破天地往返运输技术，再逐步建立空间实验室，最终建立空间站。并且，中国没有像俄罗斯或者美国那样，一开始搞单人单舱飞船，而是直接采用“三舱一段”飞船方案这个一步到位的方案，既考虑能够上天、运行和返回，又为后来的交会对接和出舱活动做了周密的安排，符合快、好、省的原则。

5 登陆月球

月球是太阳系中的第五大卫星，也是唯一一颗环绕地球运行的天然卫星。月球的直径是地球的1/4，质量是地球的1/81，与地球之间的平均距离是384 400千米。自从有了人类，人们对月球的探究就一刻没有停止过，嫦娥奔月、吴刚砍月桂等，无不寄托着古人对月球的无限遐想，但直到16世纪，伽利略首次用望远镜对着月球，并把他所看到的画了下来，才使月球的真实面目为世人知晓，奔月也成了人们坚持不懈的努力方向。

5.1 美苏登月竞赛

冷战时期，苏联和美国在航天领域展开了激烈的竞争，探月是角逐的一大焦点。到20世纪70年代中期，苏联和美国共成功发射了45颗无人月球探测器和10艘载人月球飞船，从1969年到1972年，美国先后有12名航天员分6批踏上月球表面，全面赢得登月竞赛的胜利。

美国最早于1958年8月18日发射月球探测器，但由于第一级火箭升空爆炸，半途夭折了。随后又相继发射3个“先锋”号探测器，均告失败。直到1964年1月30日发射的“徘徊者”6号才在月面静海地区着陆。但由于电视摄像机出现故障，没有能够拍回照片。同年7月28日“徘徊者”7号发射成功，在月面云海着陆，拍摄到4 308张月面特写照片。1965年2月17日发射的“徘徊者”8号和3月24日发射的“徘徊者”9号，都在月球上着陆成功，并分别拍回7 137张和5 814张月面近景照片。1966年5月30日发射“勘测者”1号新型探测器经过64小时的飞行，在月面风暴洋软着陆，向地面发回11 150张月面照片。

到1968年1月1日发射的7个“勘测者”探测器中，有2个失败，5个成功。后来，美国又发射了5个“月球轨道环行器”，为阿波罗载人登月选择着陆地点提供探测数据。经过这一系列的无人探测之后，月球的庐山真面目显露出来了。

苏联在月球无人探测器方面取得了巨大成功。从1958年至1976年，苏联发射24个“月球”号探测器，其中18个完成探测月球的任务。

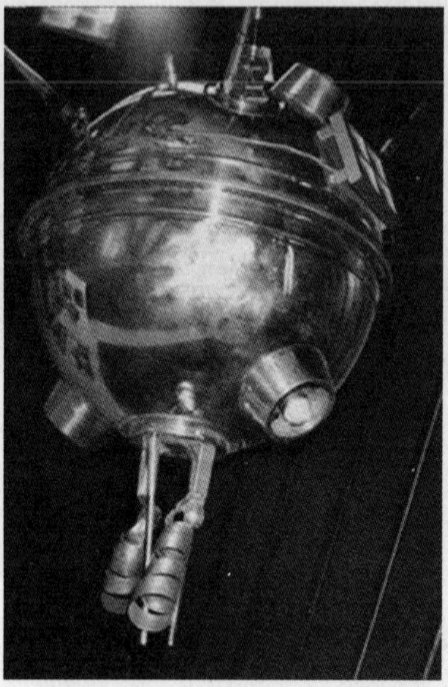

图5－1 “月球”1号探测器

1959年，苏联发射的“月球”1号探测器（图5－1）飞到月球附近，开始了人类对月球的考察。1959年9月12日发射的“月球”2号，两天后飞抵月球，在月球表面的澄海硬着陆，成为到达月球的第一位使者。同年10月4日“月球”3号探测器飞往月球，3天后环绕到月球背面，拍摄了第一张月球背面的照片。1966年1月31日苏联发射的“月球”9号，经过79小时的长途飞行之后在月球的风暴洋附近实现软着陆，用摄像机拍摄了月面照片。1970年9月12日发射的“月球”16号，第一次使用钻头采集了120克月岩样并于24日带回地球。“月球”17号载着世界上第一辆自动月球车于1970年11月17日在月面雨海着陆，月球车在月球上行程10 540米，考察了8 000平方米月面地域，拍摄了200幅月球全景照片和20 000多张月面照片，直到1971年10月4日核能耗尽才停止工作。1973 年 1 月 8 日发射的“月球”21 号把月球车 2 号送上月面考察，并取得更多成果。最后一个“月球”24 号探测器于 1976 年 8 月 9 日发射，8 月 18 日在月面危海软着陆，钻采并带回 170 克月岩样品。

图 5－2　第一辆月球车

5.2　阿波罗计划

美国的阿波罗计划是人类第一次登上月球的伟大工程，始于 1961 年 5 月，结束于 1972 年 12 月，历时 11 年 7 个月。阿波罗计划的目的是把人送上月球，实现人对月球的实地考察，并为载人行星探险做技术准备。

阿波罗计划于 20 世纪 60 年代早期在艾森豪威尔执政时被提出，作为水星计划的后续计划，并以希腊神话中的太阳神“阿波罗”来命名。由于经费始终没得到落实，计划一直停留在纸上谈兵阶段，直到肯尼迪当选总统。

1960 年 11 月，竞选时承诺要使美国在太空探索和导弹防御上全面超过苏联的约翰·肯尼迪当选总统。虽然对太空计划较为热衷，他在当选总统后并没有立刻决定开始登月计划。肯尼迪对航天事业并不十分了解，太空探索需要的大量资金也使他不敢轻易做出决定。当宇航局局长詹姆斯·韦伯要求年度财政预算增加 30% 时，肯尼迪支持加快发展大规模推进器的研发，却没有支持其他更大的项目。

图 5－3　艾森豪威尔视察卡纳维拉尔角发射中心

1961 年 5 月 25 日，肯尼迪在参、众两院特别会议中宣布支持阿波罗计划："我相信这个民族能够齐聚一心、全力以赴达成这个目标，即在 1970 年以前，人类将乘坐宇宙飞船登陆月球并且安全返回。没有任何一个太空项目能够超越它对人类的影响，超越它对宇宙远程空间探索的重大作用，也没有一个太空项目开发如此困难而且花费如此昂贵。"

阿波罗计划是世界航天史上具有划时代意义的一项成就，迄今（2013 年）40 多年来还没有过其他的载人航天器离开过地球轨道。工程开始于 1961 年 5 月，至 1972 年 12 月第 6 次登月成功结束，历时约 11 年，耗资 255 亿美元。因此有人认为，资金是美国能领先一步登月的最大因素。在工程高峰时期，参加工程的有 2 万家企业、200 多所大学和 80 多个科研机构，总人数超过 30 万人。

当谁先登上月球成为美苏两国竞争的目标时，美苏开始全力以赴地发展具备出舱活动能力的飞船——"阿波罗"号和"联盟"号，并进行了在两个航天器之间转移人员和模拟月球漫步的试验。最终美国依靠性能优异的"土星"5 号火箭赢得了登月的胜利。1968 年 12 月，"阿波罗"8 号绕月球轨道飞行了 20 个小时，这是世界上第一艘绕月飞行的载人飞船。1969 年 7 月，"阿波罗"11 号飞船登月成功。航天员阿姆斯特朗和奥尔德林成为人类历史上首次踏上月球的航天员。阿波罗计划详细地揭示了月球表面特性、物质化学成分、光学特性并探测了月球重力、磁场、月震等。美国后来的天空实验室计划和美国、苏联联合的“阿波罗－联盟”对接计划也使用了原来为阿波罗建造的设备，也就经常被认为是阿波罗计划的一部分。

阿波罗计划取得了巨大的成功，但计划中也有过几次严重的危机，包括“阿波罗”1 号测试时的大火造成维吉尔·格里森、爱德华·怀特、罗杰·查菲的死亡；“阿波罗”13 号的氧气罐爆炸以及“阿波罗－联盟”对接计划返回大气层时排放的有毒气体都几乎使执行任务的航天员丧命。

5.3 登月路线图

肯尼迪总统在莱斯大学发表“我们选择登月”的演讲前一个月，美国刚刚将第一个航天员送入太空，但还没有实现环绕地球飞行。在登月成为主要目标后，阿波罗计划的决策者们开始面临如何才能尽可能安全、经济、简单地将航天员送上月球。

图 5－4 肯尼迪总统在莱斯大学发表“我们选择登月”的演讲

曾考虑了以下四个方案：

直接起飞：此计划提出由一个巨大的新星火箭携带一艘航天器，直接飞往月球；火箭在月球降落，任务完成后再次起飞，飞回地球。

地球轨道交会：此计划需要两艘只有“土星”5 号一半大小的小型火箭将登月航天器的不同部分送入地球轨道，交会并对接。整个航天器降落在月球表面。由于当时在轨道中多艘航天器交会的经验较少，且地球轨道对接航天器是否可行也是未知数，所以此计划未被采纳。

月球表面集合：此计划需要发射两艘航天器，一艘自动航天器携带推进系统，先期登月，载人航天器晚些发射。推进系统在月球表面被移至载人航天器上，然后返回地球。

第 4 种技术途径也就是最终选用的月球轨道交会方案，该方案由约翰·C·霍博尔特的团队提出。即将一艘载有 3 名航天员的飞船发射到月球轨道上，然后两名航天员乘登月舱在月面上降落，进行月面探险。另一名航天员仍留在指令舱中绕月球轨道飞行，并进行科学实验。返回时，在月面上的两名航天员启动登月舱的上升段发动机，飞上月球轨道，与指令舱交会对接，两名航天员进入指令舱后，抛弃登月舱的上升段，脱离月球轨道返回地球（图 5 - 5）。在再入大气层前，抛弃服务舱，使指令舱在太平洋上溅落。

图 5 - 5　抛弃登月舱，指令舱 - 服务舱组合体准备返回地球

与其他几个方案不同，月球轨道交会对接只需要一艘很小的航天器降落在月球表面，使返回时在月球上起飞航天器的质量大大减小。通过将登月舱的一部分留在月球上，月球起飞质量得以再次减小。登月舱本身分为两部分，包括降落部分和起飞部分，前者用于在登月时降落，后者在任务完成后起飞，与指令舱 - 服务舱会合并返回地球。由于航天器质量减轻，一次任务只需要一次单独的火箭发射。当时的顾虑是次数较多的对接和分离所要求的技术难度。

阿波罗计划按照循序渐进的策略推进，“阿波罗” 4 号到“阿波罗” 6 号都是无人测试飞行，在近地轨道上鉴定飞船的指令舱、服务舱和登月舱，考验登月舱的动力装置。从“阿波罗” 7 号到“阿波罗” 17 号是 11 次载人任务，其中 7 ~ 9 号主要进行环绕地球、月球飞行，登月舱脱离环月轨道的降落模拟试验，轨道机动飞行和模拟会合，模拟登月舱与指令舱的分离和对接。按登月所需时间进行了持续 11 天的飞行，检验飞船的可靠性。1969 年 5 月 18 日发射的“阿波罗”10 号飞船进行了登月全过程的演练飞行，绕月飞行 31 圈，两名航天员乘登月舱下降到离月面 15.2 千米的高度。“阿波罗”11 号～17 号实施载人登月任务，其中除“阿波罗”13 号因服务舱液氧箱爆炸中止登月任务（3 名航天员驾驶飞船安全返回地面）外，均登月成功。

5.4 太阳之子

阿波罗飞船由指令舱、服务舱和登月舱三部分组成，发射上升段时还有逃逸塔。飞船总重约 50 吨，高约 16 米，连同救生塔约 25 米。

指令舱是航天员在飞行中生活和工作的座舱，也是整个飞船的控制中心，它是整艘飞船中唯一回收的部件。该舱呈圆锥形，高 3.2 米，重 5.85 吨，可居住容积 5.95 立方米。指令舱壳体结构分为三层：内层为铝合金蜂窝夹层结构，中层为不锈钢蜂窝夹层隔热层，外层为环氧－酚醛树脂烧蚀防热层。舱内充以 0.35 大气层的纯氧，温度保持在 21～24 ℃。只有指令舱外层有隔热板，能够抵挡进入大气层时的高温。进入大气层后，指令舱打开降落伞，逐渐减速并降落在海面等待救援。指令舱分为前舱、航天员舱和后舱三部分。前舱装有与登月舱的对接探头，该舱内放置着陆部件、回收设备和两台姿态控制发动机等。航天员舱为密封舱，存有供航天员生活 14 天的必需品和救生设备。后舱内装有 10 台姿态控制发动机、各种仪器和储箱，还有制导导航系统，以及船载计算机和无线电分系统等。指令舱有两个舱门，一个在侧面供航天员出入，一个在顶端供航天员爬进登月舱。另有 5 个窗口，其中 2 个供航天员摄影和观察，2 个三角形窗供交会用，1 个放置六分仪和扫描望远镜。

服务舱呈圆柱形，是为指令舱和航天员服务的舱室。该舱高 6.7 米，直径 3.9 米，重约 25 吨。该舱采用轻金属蜂窝结构，分为 6 个隔舱，装有主发动机、姿态控制系统、推进剂储箱、环境控制系统以及通信系统和电源等。环境控制系统保证 3 名航天员 14 天的生活环境。能源系统采用三组燃料电池。从发射直到再入大气层前，服务舱与指令舱一直连接在一起，大约在着陆前 15 分钟服务舱才与指令舱分离，并在大气层中烧毁。

登月舱由下降级和上升级组成，地面起飞时重 14.7 吨，宽 4.3 米，最大高度约 7 米。登月舱用于把两名航天员从月球轨道下降到月球表面，任务完成后再把他们送回在月球轨道上运行的指令舱。在探测月面期间作为航天员的短期探险基地。为了尽可能减轻重量，登月舱没有隔热板，动力很小，只能在月球表面飞行。最后三次任务，登月舱下降级里还装载了月球车。

5.5 飞向月球

为发射阿波罗飞船美国专门研制了土星运载火箭，运载火箭研制分两个阶段进行：第一阶段研制“土星”1 号和“土星”1B 号，用于获取大型运载火箭的研制经验，并进行阿波罗飞船的飞行试验；第二阶段研制“土星”5 号巨型三级运载火箭作为飞船登月的运载工具。

1969 年 7 月 16 日清晨，美国佛罗里达州卡纳维拉尔角的肯尼迪航天中心一片繁忙景象。巨型运载火箭“土星”5 号矗立在发射台上，它全长 110 米，有 40 层楼房那样高，总重达 2 800 吨。“阿波罗”11 号载人月球飞船就安放在火箭的最前端。阿姆斯特朗、奥尔德林和科林斯 3 名航天员躺在飞船的座椅上待命起飞。

上午 9 时 32 分，随着一阵轰鸣，“土星”5 号火箭的第一级的 5 台发动机点火，产生 3.3×10^{7} 千牛的推力。巨大的雪白色的火箭，携带着“阿波罗”11 号月球飞船冉冉上升。它的声音震耳欲聋，响彻宇宙。

发射 12 分钟后，火箭的第一、第二级早已工作完毕、脱落，只剩下第三级与飞船一起飞行。第三级火箭发动机熄火，把飞船送入环绕地球飞行的圆轨道，高度约 200 千米。在这条轨道上飞行几圈，利用这段时间，检查飞船的各种设备和工作情况，做好登上奔月之路的准备。

奔月之路的确定是一项复杂的天体力学问题，不能让飞船正对着月球飞行，因为月球不是静止不动的，而是绕着地球运行的。飞船离月球 384 400 千米，要用大约 3 天的时间才能飞到那里。因此，科学家们必须精心设计一条使飞船与月球在3天后同时到达同一位置的飞行路线。飞行路线要保证绝对准确，哪怕发生很小一点偏差，也可能永远到不了月球。

一切准备就绪，17日上午10时10分，地面控制中心下达了命令："向月球进军!"

第三级火箭发动机再次点火，给飞船加速，几分钟后速度达到10.8千米/秒的速度，略小于11.2千米/秒的第二宇宙速度。"阿波罗"11号飞船与火箭分离，沿着一条很扁的椭圆形路线飞向月球。

在为时3天的奔月旅途中，航天员们并不轻松。他们坐在可转动和躺倒的座椅上轮流值班、监视飞船中各种仪器设备的工作状况，观察星星，校正飞船的飞行姿态，还要根据地面发来的命令，开动发动机，调整飞行路线。越过了离地球32.7万千米处的地球与月球引力平衡区以后，飞船的速度又快起来了。在月球吸引下，飞船绕到了月球的背面。转入月球背面之后，航天员开动飞船上的发动机向前方喷气，降低飞船的速度，改变飞船的航向，使月球引力正好能把飞船拽住，不让它向地球方向返回，同时又不允许它冲向月面，而是绕着月球运行，变成月球的卫星。

25分钟以后，地面控制中心听到了阿姆斯特朗响亮而清晰的声音："正确，

图5-6 尼克松在隔离室外向航天员表示祝贺

图 5－7　搬运“阿波罗”11 号宇航员带回的月球标本箱

成功!”“阿波罗”11 号飞船顺利地进入了环绕月球的停泊轨道，航天员们在轨道上仔细地观察降落地点附近的地形，做好登月的准备。

环绕月球飞行了三圈半，“阿波罗”11 号在又一次进入月球背面的时候，释放出一艘登月舱，由阿姆斯特朗和奥尔德林驾驶，离开母船，向月面降落。母船只留下科林斯一个人，仍然在停泊轨道上继续飞行。

5.6　登月航天服

航天服是保障航天员的生命活动和工作能力的个人密闭装备，可防护空间的真空、高低温、太阳辐射和微流星等环境因素对人体的危害。在真空环境中，人体血液中含有的氮气会变成气体，使体积膨胀。如果人不穿加压气密的航天服，就会因体内外的压差悬殊而发生生命危险。航天服是在飞行员密闭服的基础上发展起来的多功能服装。早期的航天服只能供航天员在飞船座舱内使用，后研制出有液冷降温结构的外用航天服，可供航天员出舱活动或登月考察。

1961 年，最早的航天服在美国问世，是由当时美国海军的高性能战斗机飞行员穿着的 MK－4 型压力服加以改进的。这种航天服由氯丁橡胶涂在布上的防护层和经过氧化铝处理的强化尼龙的内绝热层叠合而成，肘和膝关节部分缝入了金属链，容易弯曲。但是，当内压提高时，航天员难以活动身体。为了改进运动性不足的缺陷，在实施双子星座计划时，美国又开发了第二代航天服。这种航天服在封入空气的压力囊外蒙上了一层用特氟纶混纺材料织成的网，即使航天服因气压整体膨胀也容易弯曲。

实施阿波罗计划时，美国又研制了新的航天服。月面活动与太空行走情形不同，必须一边步行在遍地皆是岩石的月球表面，一边弯下身体采取岩石标本。月面活动时间长，还要求航天服保护航天员经受强烈的太阳光辐射，保证从天而降的微小陨石砸在身上也不致破损。

登月航天服每件价值30万美元。与过去的航天服相比，根本的差别是采用了便携式生命保障系统，即将生命保障系统固定在背上，以进行供氧、二氧化碳的净化和排除体热。白色的服装和背包生命保障系统、应急氧储备及天线装置共重93千克（在月球上相当于15.5千克）。登月航天服在关节周围制成伸缩自如的褶皱，大大提高了运动性能。但是，航天员必须穿着特殊的“内衣”。这种几乎盖住全身的网状内衣缝入了长达100米犹如意大利空心面条那么粗的盘成网状的管子，管内通过冷水循环排除体热。穿在内衣外的航天服由内绝热层、压力层、限制层（抑制压力层的膨胀）几层重叠，最外面还蒙上聚四氟乙烯与玻璃纤维制成的保护层，可以保温、防微陨石袭击。胸部有一组用于操纵和检测背包系统的控制盘。背包尺寸为65厘米×45厘米，它供给航天员氧气、冷却服装循环的水、小型无线电发报机和一个氧气净化装置。

头盔通过一个金属卡圈与服装颈部相连接，头盔有两层面罩，可以防护航天员眼睛不受紫外线、红外线和流星微粒的伤害。头盔外壳由一种很结实而且轻巧的聚碳酸盐类材料制成。在头盔下是带有两套耳机和送话器的小帽。

加压手套有一个特殊纤维做的外壳，内层是绝热材料，以防在工作中同热物体或冷物体接触时手受伤。手套的指端由硅有机橡胶制成，可提高航天员手指的敏感性。套靴外表看起来像金属网眼的长统靴，它由21层绝热材料做成。

彩插 1－1　星际空间想象图

彩插 1－2　太空日出

彩插 1－3　小天体撞地球的模拟图

彩插 1－4　小行星碎成两块

彩插 1－5　航天员身着舱外航天服在太空行走

彩插 1－6　在太空过圣诞节

彩插 3－1　太空飞行第一人

——加加林(苏)

彩插 3－2　进入太空的第一位女航天员

——捷列什科娃(苏)

彩插 3－3　中国进入太空第一人

——杨利伟

彩插 3－4　首开太空之门的航天员

——列昂诺夫(苏)

彩插 3－5 “神舟”七号航天员翟志刚（中）、
刘伯明（右）、景海鹏（左）

彩插 3－6 登上月球第一人——
阿姆斯特朗（美）

彩插 3－7 宇宙飞行时间最长的人——
波利亚科夫（俄罗斯）

彩插 3－8 美国太空行走
第一人——怀特

彩插 3－9 第一位女机长——
柯林斯（美）和女儿

彩插 4－1 “东方”1 号载人飞船模型

彩插 4－2 “双子星座”飞船结构图

彩插 4－3 “双子星座”6 号和 7 号对接中

彩插 4－4 “联盟”TMA 飞船

飞向国际空间站

彩插 4－5 艺术家笔下的“联盟”号和

阿波罗飞船对接飞行图

彩插 4-6　2008 年 8 月 25 日,“神舟”七号
飞船拆卸外罩衣后首次露出真面容

彩插 4-7　“儒勒·凡尔纳”号
在太空中的姿态

彩插 4-8　日本“鹳”号无人货运飞船

彩插 4-9　“龙”飞船准备与国际空间站对接

彩插 5-1 “土星”5 号火箭发射
“阿波罗”11 号载人登月飞船

彩插 5-2 “阿波罗”飞船在
环绕月球轨道上飞行

彩插 5-3 航天员在月面驾驶月球车

彩插 5-4 “阿波罗”11 号机组

（左起：阿姆斯特朗、科林斯和奥尔德林）

彩插 5 - 5 “阿波罗”登月舱在月面
着陆，航天员出舱活动

彩插 5 - 6 “阿波罗”13 号机组
（左起：吉姆·洛威尔、杰克·斯威格特和弗莱德·海斯）

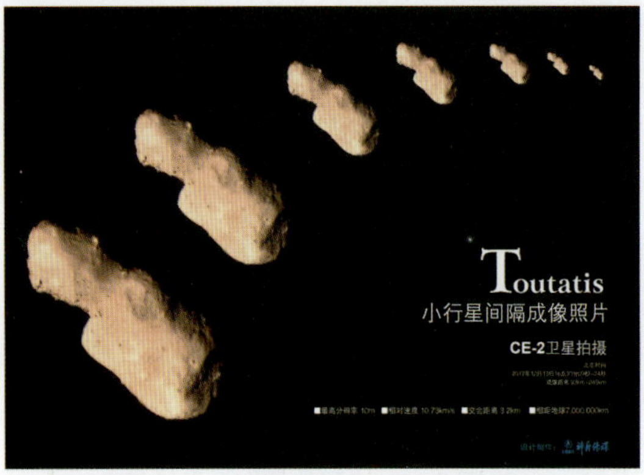

彩插 5 - 7 嫦娥二号拍到的小行星

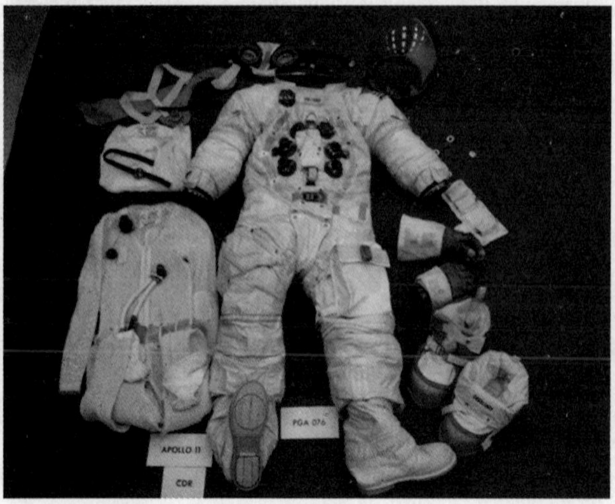

图 5-8 登月航天服

5.7 与死神擦肩而过

2005 年 4 月 17 日是美国“阿波罗”13 号平安返回地球 35 周年纪念日。美国在休斯敦太空中心为当年成功挽救“阿波罗”13 号并帮助 3 名航天员死里逃生的工程师们颁发了集体荣誉奖——一个水晶球，以表彰他们的杰出贡献。

1970 年 4 月 11 日，“阿波罗”13 号载着 3 名航天员升空，踏上了飞往月球的旅程。飞船上的 3 名航天员中，42 岁的吉姆·洛威尔是任务指挥官，38 岁的杰克·斯威格特是指令舱、服务舱的驾驶员，36 岁的弗莱德·海斯是登月舱驾驶员。

执行任务前，洛威尔的妻子玛丽莲心中充满了焦虑，因为“13”在西方是个不祥的数字。洛威尔安慰妻子说：“这是科学任务，我们都是工程师、技术员和科学家，我们不能迷信。”

4 月 13 日深夜，当“阿波罗”13 号离地球 32 万千米时，突然飞船外传来一声巨大的爆炸声。地面控制中心不知道飞船出了什么事，过了好一会后，他们才听到洛威尔说了太空史上最著名的一句话：“休斯顿，我们遇到了麻烦。”据洛威尔回忆称，当巨大的爆炸声在飞船内回荡时，他和斯威格特一开始还以为是海斯在搞恶作剧。爆炸声发生后，洛威尔朝窗外瞥了一眼，看到飞船后部正迅速渗漏氧气！原来服务舱的2号液氧箱发生爆炸，摧毁了指令舱中的生命支持系统、导航和电力系统，并炸出一个洞！爆炸发生后25分钟，“阿波罗”13号指令舱内的氧气只能再供应15分钟，3名航天员唯一生还的希望，就是逃进登月舱。

最后，就在指令舱中的氧气含量只剩5分钟可用时，登月舱的功能被激活。美国宇航局最后决定，让“阿波罗”13号飞船继续朝月球飞行，绕月球转一个大圈，飞过月球背面后，再立即启动登月舱发动机，将飞船投掷进返回轨道。最后，飞船以每小时8 688千米——两倍子弹的速度飞离月球，驶向地球的方向。

为节省电力，航天员们做出了一个危险的决定，关掉飞船上的计算机、导航系统和其他电力设备。当加热设备关闭后，登月舱中的温度急剧下降，尽管他们穿上了登月靴和剩余的内衣裤，但仍然冻得无法入睡。没多久，他们又遇上了另一个致命的危险，登月舱中的小型空气过滤器无法处理3名航天员排出的大量二氧化碳气体，他们面临中毒身亡的危险。在地面控制中心科学家的指导下，他们用一些黏性胶带、一块从飞行手册后面撕下的纸板以及从他们太空内衣裤上扯下的一些塑料片，做成了一个帮助空气过滤器更有效工作的粗糙适配器。由于登月舱中的自动导航系统已被关闭，航天员通过手工导航返回地球。

图5-9　指令舱溅落在海面

这是一条非同凡响的回家之路；这是一次成功的失败；这是一个梦想、爱、意志与信任的故事。后来，美国将这一故事搬上了银幕，那就是好莱坞经典大片《阿波罗 13》。

5.8 月球车的功劳

1971 年，大卫·斯科特和詹姆斯·欧文驾驶历史上第一辆电动月球车，在月球表面停留三天，创下人类穿越月球表面的最远距离。

月球车，又称月面车，是在月球表面行驶并对月球考察和收集分析样品的专用车辆，可分为无人驾驶月球车和有人驾驶月球车。无人驾驶月球车由轮式底盘和仪器舱组成，用太阳能电池和蓄电池联合供电。有人驾驶月球车主要由月球车的每个轮子上的各一台电动机驱动，靠蓄电池提供动力，主要用于扩大航天员的活动范围，减少体力消耗，它可随时存放航天员采集的岩石和土壤标本。

1970 年 11 月 17 日，苏联发射的“月球” 17 号探测器成功地将世界上第一辆无人驾驶的遥控月球车“月球车” 1 号送上月球。“月球车” 1 号重约 756 千克，高 1.35 米，长 2.2 米，宽 1.6 米，依靠 4 对电驱动、电磁继电器制动的轮子实现机动。“月球车” 1 号降落点位于月球北纬 38 度 17 分、西经 35 度的雨海地区，原定 90 天的任务时间实际上持续了 322 天，总考察面积接近 8 万平方米。到 1971 年 10 月 4 日，“月球车” 1 号一共在月球进行了多次巡游，总行程 10 540 米，拍摄了 2 万多张照片，对 500 个地点进行了土壤物理测试，对 25 个地点进行了土壤化学分析。

有趣的是，2010 年 3 月 15 日，加拿大西安大略大学研究员菲尔·斯图基教授利用美国宇航局公布的“月球勘测轨道器”（LRO）拍摄的照片以及所获取的数据，找到了苏联在月面失踪的“月球车” 2 号，并发现了这辆月球车 37 年前在行进了 35 千米之后留下的轨迹。这是机器人探测器迄今为止在另一颗天体上创造的行进距离最长纪录。“月球车” 2 号是 1973 年 1 月 8 日搭载在“月球” 21 号探测器上发射的，7 天后成功登陆月球，它在月球表面运行了大约 4 个月，拍摄了 86 张全景照片，并拍了 8 万幅电视画面。

图 5-10 “阿波罗”17 号机组和“月球车”1 号

在阿波罗计划最后三项任务中都携带了一部月球车，美国航天员驾驶着它们在月球表面进行科学研究。月球车是整个计划中最难攻克的。与普通的家用车不同，月球车必须具备几项硬指标：一是抗辐射；二是对极端温度的防护——月球表面白昼时温度高达 150 ℃，黑夜时低至 -180 ℃，温差超过 300 ℃；三是月球一昼夜间隔 14 天之久，如何确保黑夜时的电力供应；四是适应低重力；五是适应月球表面崎岖不平的路面。

为了纪念“阿波罗”11 号登月 25 周年，美国宇航局在 1994 年第一次举办了全球月球车大赛，当时只允许大学参加比赛，共有 8 支队伍参加。后来，比赛范围扩大，高中队也可以参加，现在此项赛事成为保留节目。美国宇航局希望以此激励和培养美国下一代科学家、工程师和探险家，未来，他们或许会肩负起新的探险任务，包括探索月球和太阳系。

5.9 望月兴叹的苏联人

当美国在 1961 年 5 月宣布实施人类登月计划时，苏联航天先驱科罗廖夫提出了基于一种新型飞船（后来的“联盟”号）进行地球轨道交会的登月计划。这个计划需要发射数次来完成登月组件运用，一个是“联盟”号飞船，一个是登月舱，还有用于地月间推进的发动机和燃料的辅助设备。这种设计降低了运载火箭的性能需求，但是以必须快速完成组件发射为代价的。然而当时的苏联无力进行这样密集的发射。科罗廖夫于是提出了研发50吨级的大型N1火箭和新的登月飞船L3的方案。N1－L3方案采用五级推进，前三级将飞船送入地球轨道，其余两级用于地月推进。不幸的是，1966年科罗廖夫死于一次外科手术并发症，他的工作由他的助手瓦西里·米申接管。

N1火箭高105米，在高度、质量和有效负载上仅次于世界第一的美国“土星”5号火箭。加满燃料满载情况下，N1－L3重2 788吨。下面三级呈截锥体形，最下部直径约10米，这是受箭体内燃料箱形状的限制，一个较小的球形煤油箱在上部，较大的液氧箱在下部。上部分呈圆柱形，直径4.4米。第一级A段由30台NK－15发动机驱动，第二级B段由8台NK－15V发动机驱动，都排列成环形。像这样复杂的发动机群导致输送推进剂的管道设计也很复杂，而这种极端脆弱的结构是导致N1最后失败的罪魁祸首。用于发射N1的拜科努尔基地不支持水运。为了通过铁路运送火箭，箭体各级都被拆散再重新组装。结果，许多潜在问题都不能及时发现并排除，例如有害振动（可能导致推进剂管道破裂），废气流体力学问题（可能导致箭体翻滚）。种种的技术失误，以及缺乏资金支持，N1从未经过严格的出厂测试，甚至N1每次爆炸都在一二级分离之前。

图5－11　矗立在发射台上的N1火箭

图5－12　N1火箭第一级有30台发动机

最终，苏联因 N1 火箭连续 4 次重大失败不得不中止了载人登月。这 4 次发射分别是：

1969 年 2 月 21 日，由于燃气发生器意外地高频振动，一处导管裂开，导致发动机失火，并延伸到发动机控制系统，N1 在飞行 68.7 秒后，发动机停机，随后在 12 200 米高空爆炸。

1969 年 7 月 3 日，因一颗松动螺柱被吸入燃料泵，导致控制系统停止了 30 台中的 29 台发动机，23 秒后，N1 火箭爆炸，炸毁了发射塔，在场的工作人员包括苏联航天元帅在内全部遇难，酿成火箭应用史上最大的惨剧。

1971 年 6 月 24 日，N1 起飞后就不正常转动，且超过了控制系统的可调范围，51 秒后在 1 000 米高空爆炸。

1972 年 11 月 23 日，N1 火箭在 40 千米高空处由于一台发动机遭遇纵向耦合振动，其他发动机程序性停机，导致 4 号发动机爆炸。

5.10 一克月岩在中国

1978 年，美国总统特使布热津斯基访华，送给中国一块一克重的月球岩石。那时美国人已六上月球，这石头究竟是哪次登月采集而归？采自月球何方？把它送来的美国人只字未说。这块石头最后辗转到了欧阳自远院士手上，他组织了全国力量共解月岩之谜。经过十几种分析测试之后，科学家们确定这块石头是“阿波罗”17 号登月时采集的。就连美国人也不得不服气：“真没想到，我们什么都没说，你们却都搞清楚了。”

2000 年 11 月，中国发表《中国的航天》白皮书，在近期发展目标中明确提出“开展以月球探测为主的深空探测的预先研究”。2004 年 1 月，国务院正式批准了绕月探测工程立项。

中国月球探测计划分三步走：第一步，向月球发射绕月探测卫星，对月球进行遥感探测，查明月球表面的环境、地貌、地质构造与物理场，争取对月球的形貌特征、资源性元素分布规律及开发利用前景有一个初步认识；第二步，使用月球车在月球“软着陆”，脚踏实地地在月球上进行探测；第三步，机器人登上月球，在月球有代表性的区域进行采样，完成任务后返回，为载人登月并且返回做准备。

目前，已经通过嫦娥一号卫星任务实现第一步目标。2007 年 10 月 24 日，嫦娥一号卫星由长征三号甲运载火箭在西昌卫星发射中心成功发射升空。经过 326 小时的飞行，顺利实施了 4 次加速、1 次中途轨道修正、3 次近月制动共 8 次变轨，经历调相轨道、地月转移轨道、月球捕获轨道三个阶段，总飞行距离约 180 万千米，最终成功进入环月工作轨道。11 月 26 日，国家航天局正式公布了嫦娥一号卫星传回的第一幅月面图像，这标志着中国首次月球探测工程取得圆满成功。在一年探测任务结束后，嫦娥一号卫星传回最后一段语音：“经过一年的太空遨游，我的任务已经结束。我祝愿在‘自主创新、重点跨越、支撑发展、引领未来’的方针指引下，中国的探月工程不断创造新的辉煌。”

第二步也已经拉开了验证的帷幕。2010 年 10 月 1 日，嫦娥二号卫星由长征三号丙运载火箭在西昌卫星发射中心成功发射升空。由于采用了不同的轨道设计，嫦娥二号约用 5 天即到达月球。2010 年 11 月 8 日，国家国防科技工业局首次公布嫦娥二号卫星传回的嫦娥三号预选着陆区月球虹湾区域局部影像图。完成目标任务后，在北京航天飞行控制中心的精确控制下，嫦娥二号于 2011 年 6 月 9 日下午 4 时 50 分 05 秒飞离月球轨道，经过 77 天的飞行，进入距离地球 150 万千米远的拉格朗日 L2 点的环绕轨道。2013 年 1 月 5 日 23 时 46 分，嫦娥二号成功飞越探测图塔蒂斯小行星后继续向深空挺进。截至 2013 年 7 月 14 日，嫦娥二号与地球的距离已超过 5 000 万千米。这标志着我国深空探测飞行控制能力得到新的跃升。

2013 年下半年发射的嫦娥三号将实现月面巡视考察。

20 世纪 50 年代以来，人类对月球探测所取得的成就，远远超过了多少世纪以来的地面观测。随着科学技术的发展，人类将可能建立沿月球轨道飞行的实验室，巨大的天文望远镜也将在月球上从没有空气的太空观测天空；人类也可能把月球作为出发到遥远行星的一个落脚点。

6　太空之城

人类并不满足于在太空作短暂的旅游，为了开发太空，需要建立长期生活和工作的基地。于是，随着航天技术的进步，在太空建立新居所的条件成熟了。空间站就是一项卓越的工程，它犹如一座高悬的城堡，在太空中熠熠生辉。

6.1　“礼炮”号空间站

空间站是一种容积较大、在环绕地球轨道上运行的载人航天器，里面装有必要的生活设施和仪器设备，可以接纳多名航天员在里面长时间生活、工作，也可以接受航天员进行短期访问，开展必须有人照料的科学技术实验或其他活动。

世界上第一个空间站是苏联在 1971 年 4 月发射的“礼炮”1 号。苏联领导人勃列日涅夫在发射的第二天说，“礼炮”1 号的飞行是“征服太空的重要一步”。他还骄傲地告诉全世界：“我们根本就没打算去月球。我们要另辟蹊径。”

空间站发射时及入轨之初，里面是没有人的。入轨以后，先由地面通过遥测、遥控对它进行检查测试，证明站内气候环境适宜，仪器设备能基本正常工作后，才派航天员乘坐飞船或航天飞机上天，同空间站交会对接，航天员进驻空间站。如果检查发现空间站存在故障，也可先派航天员上天进行修复后再进驻。

苏联共发射了 7 个“礼炮”空间站和“和平”号大型空间站。“礼炮”号运行在 200 ~ 250 千米高的轨道上，轨道面与赤道面夹角为 51.6 度。每个“礼炮”空间站的构造基本相同，都呈圆筒形，最大直径 4.2 米，长约 14 米，划分成对接舱、轨道舱和服务舱三部分，总重 18 ~ 19 吨，一般情况下容纳 2 ~ 3 名航天员长期驻守，最多时曾挤下 6 个人。

对接舱位于空间站的前部。舱的前端有一个对接口，用来停靠“联盟”号飞船。对接舱内装有望远镜、照相机等设备，供观测地球用；舱外装有太阳能电池翼，发电用，还有交会对接天线、电视摄像机、散热板和空间碎片探测器等设备。

轨道舱是空间站的核心部分，是航天员工作和生活的主要场所。舱内分为生活区和工作区：生活区是航天员用餐、休息和睡觉的地方；工作区设有控制仪表板、导航控制设备、大型观测望远镜以及体育锻炼器械。

服务舱内主要装有变轨发动机，姿态控制推力器和推进剂；舱外装有一对太阳能电池翼、交会雷达天线和电视摄像机。

“礼炮”1号到7号的任务大同小异，都是进行有人操作的对地观测，开展空间失重条件下的材料加工实验、空间生物学和生命科学研究，以及进行天文观测，主要区别是每次携带的科学仪器设备的种类有所不同，设备性能逐次有所提高。“礼炮”6号和7号与前5个相比最大的改进是增加了1个对接口，可以同时停靠2艘飞船。所以，从“礼炮”6号起，在空间站里有人的情况下，“进步”号货运飞船定期向空间站运送2.5吨的给养、推进剂和其他物质，大大延长了空间站及航天员在站上的工作时间。

“礼炮”6号空间站在轨道上运行了4年零10个月，先后有10艘“联盟”号载人飞船和12艘“进步”号货运飞船与它对接，一共接纳过航天员33人次。最后一个“礼炮”号空间站——“礼炮”7号，1982年4月上天，1991年2月陨落，在轨道上运行长达8年零10个月，共接纳航天员26人次，在站上工作时间累计815天，最长的一次达到237天。1984年，苏联女航天员萨维茨卡娅在“礼炮”7号上进行了出舱活动，成为世界上第一个在太空行走的女航天员。

6.2 天空实验室

1973年美国发射了一个名叫“天空实验室”的空间站。它的样子大致是个圆柱体，长36米，最粗的地方直径接近7米，重量达80吨。它有6块发电用的太阳能电池翼板，其中较小的4块是狭长条形的，交叉成为十字形，好像是风车的旋转翼。

“天空实验室”在离地面430千米的轨道上运行。它里面有实验室、生活区、食堂、厕所，还有专供航天员锻炼身体的“健身房”，三四个人在这里生活是很适宜的。“空间实验室”的前端有好几个对接装置，可以同时和几艘飞船对接。

“空间实验室”有左右两块较大的太阳能电池翼板。其中，一块太阳能电池翼板在上升过程中被气流冲刷掉了，另一块太阳能电池翼板在“实验室”入轨以后又出了故障，伸展不开，使得“实验室”电力几乎完全丧失。这个耗资20多亿美元的太空实验计划，面临着夭折的危险。怎么办？美国宇航局决定，派出航天员到太空去进行抢修。

于是，在“天空实验室”进入轨道10天之后，3名航天员乘坐“阿波罗”飞船来到出了故障的“天空实验室”身边。“阿波罗”飞船同“天空实验室”在太空中进行了对接。航天员通过对接舱口，爬进了充满危险的“天空实验室”，勇敢地展开了抢修活动。他们首先修理被损坏的太阳能电池翼板，几经周折，终于将剩下的这块太阳能电池翼板修复，正常打开，电力勉强够用了。以后，3名航天员进行了一系列科学实验，他们在空间站生活了28天以后，乘“阿波罗”飞船，安全返回地球。

为了研究人在长期失重环境中生活，健康会不会受到影响，科学家们对三批航天员分别按一个月、两个月和三个月的时间，逐步延长在太空生活的期限，来观察和研究人体生理的变化。一个月后，第二批3名航天员进入“天空实验室”，生活了59天；第三批3名航天员则在空间站里生活了84天。

三批航天员共进行了28项科学实验，拍摄了4万多张地球照片和128万多张太阳照片，录制了3万多米的录像磁带。其中有三项饶有兴趣的太空飞行试验：第一项是背一个背包式推力器在实验室内四处飞行；第二项是在实验室外面用新的喷气枪喷气产生反作用力来帮助飞行；第三项是让航天员穿上一种喷气鞋，以帮助航天员向前、向后、向上和向下飞行，就像中国古典小说中描写的那个脚踩风火轮的哪吒一样。

自1974年2月第三批航天员返回地球之后，“天空实验室”就被关闭起来了。按照原来的计划，“天空实验室”至少有10年的轨道寿命，可以运行到

1983 年，由航天飞机帮它加速，提高它的运行轨道。不幸的是，由于 20 世纪 70 年代末期，太阳黑子活动加强，大气层的气体分子密度增加，“天空实验室”的运行轨道高度降低比预计的要快得多。于是，这个庞然大物在地球引力的作用下，终于在运行了 2 200 多天，行程 14 亿千米之后，于 1979 年 7 月 12 日凌晨陨落。据目击者说，无数残骸碎片像色彩缤纷的流星雨，倾泻在南印度洋海面和澳大利亚西部的沙漠地区。

6.3 全球和平之家

1986 年 2 月 20 日，距离美国“挑战者”号航天飞机爆炸后不到一个月，苏联从拜科努尔发射中心用“质子”号火箭成功将“和平”号核心舱射入轨道。苏联现场直播了这次发射。

“和平”号是一座组合式空间站，核心舱是一个阶梯形的圆柱体，总长 13 米，最大直径 4.2 米，轨道重量约 21 吨。核心舱的两侧安装着两块各长 30 米、总面积 80 平方米的太阳能电池帆板。核心舱由工作舱、过渡舱和服务舱组成，可供 5 ~ 6 名航天员工作和生活。和“礼炮”号空间站相比，“和平”号的自动化程度更高，电源功率更大，通信系统也更加可靠。同时，由于大部分科学实验设备被安装在专业舱内，空间站腾出了更大空间用作航天员生活区，并在站内第一次设置了航天员单人卧室，里面放置了一张书桌、一把椅子，还有一个加热食物装置和运动器械，使航天员的工作和生活条件得到较大改善。它最突出的特点是它的对接舱口有 6 个之多。其中轴向的两个头尾对接舱口是“联盟”T 号载人飞船和“进步”号货运飞船的停靠“码头”，侧向的 4 个对接舱口用于对接各种专业舱。

从 1987 年 3 月 13 日到 1996 年 4 月 26 日开始，苏联先后发射了“量子”1 号、“量子”2 号、“晶体”号、“光谱”号和“自然”号专业舱对接到“和平”号上，形成了一个总重 123 吨、全长 87 米的“太空城堡”。连同对接在一起的“联盟”TM 号载人飞船，“和平”号空间站成为当时太空中一颗最耀眼的明星。

“和平”号空间站的研制和发射为人类提供了一个优越的科学实验基地，在建造期间和竣工之后，先后有苏联/俄罗斯、美国、英国、法国、德国、日本等国家的135名航天员在站上工作，先后开展了科学研究、空间实验、太空观测和军事侦察等多种活动，共完成20多个科研计划和22 000项科学实验，取得了大量喜人的科学成果和经济效益。同时，借助“和平”号空间站，航天员的留空时间越来越长，1995年3月，俄罗斯航天员波利亚科夫在站上创造了太空连续飞行438天的世界纪录。

“和平”号的设计寿命仅有5年，“老迈年高”的“和平”号开始“病魔缠身”，故障不断，光是1997年就发生了内部火灾、氧气发生器故障、冷却系统渗漏，以及“光谱”号舱和“进步”号太空“撞车”事故。2000年12月25日，“和平”号还发生了一次因站上电池突然断电造成与地面控制中心失去联系的事件，俄罗斯航天局局长科普捷夫当时接到电话报告后说的第一句话是：“我们早就不应该玩空间站的游戏了。”

苏联的解体也对“和平”号的运行造成影响。俄罗斯政府无法继续提供每年2.5亿美元的维护资金，加上来自美国的压力，俄罗斯不得不做出放弃“和平”号空间站的决定。2001年3月23日莫斯科时间9时0分12秒，1 500多块未化成灰烬的碎片坠入新西兰最南端以东的南太平洋。至此，遨游太空15年零1个月、环绕地球8万多圈、行程35亿千米的“和平”号空间站退出了历史舞台。

6.4 国际空间站

国际空间站于1993年由美国、俄罗斯、11个欧洲空间局成员国（法国、德国、意大利、英国、比利时、丹麦、荷兰、挪威、西班牙、瑞典、瑞士）、日本、加拿大和巴西共16个国家联合建造，是迄今世界上最大的航天工程。

国际空间站最初的大体分工是：美国研制实验舱、离心机调节舱、居住舱、节点1舱、气闸舱、桁架结构和太阳能电池阵。俄罗斯研制多功能货舱、服务舱、万向对接舱、对接段、对接与储存舱、生命保障舱、科学能源平台和2个研究舱。欧洲研制实验舱、自动转移飞行器及节点2号舱和节点3舱。意大利研制3个多用途后勤舱。日本研制由增压舱、遥控机械臂系统、暴露设施和实验后勤舱组成的实验舱。加拿大负责研制移动服务系统，该系统包括空间站遥控操作机器人系统——加拿大机械臂2、移动基座系统和专用灵巧机械手。巴西提供一些特殊实验设备。

国际空间站由基础构架、12个舱段、多个太阳能电池帆板等组件构成，总重约453.6吨，长108米，宽88米，运行轨道高度为397千米，可容纳7名航天员长期居住和工作，最多时可接待15人同时进行科学考察，设计寿命为15年。载人舱内的气压与地球表面相同，其容积约1 217立方米。它分设六大实验室，能够提供以往任何航天器都无法比拟的研究空间，是在太空进行微重力实验、科学研究和开展太空旅游与观光的大型平台。

1998年11月20日，俄罗斯研制的“曙光”号多功能货舱（图6-1）发射升空，标志着国际空间站正式动工兴建。该舱呈圆柱形，直径4米，长度13米，重24吨，装有导航、通信、姿态控制、气候环境调节等设备，建造初期作为全

图6-1 国际空间站的第一个舱段是俄罗斯研制的“曙光”号多功能货舱

站的主体舱。同年12月6日，“奋进”号航天飞机将国际空间站第二个组件“团结”号节点舱携带升空。

2000年7月12日，俄罗斯研制的“星辰”号服务舱发射升空，并于7月26日在轨道上与“曙光”号和“团结”号联合体对接成功。这个服务舱包括四个密封舱室和一个非密封舱室，长度13米，宽为30米，重20吨。它是国际空间站航天员的主要工作区和生活区，既装有生命保障系统，又装有轨道姿态控制系统及能量保证系统等。这样一来，对接的三个舱段和辅助设备就组成了重73吨、运行在397千米、倾角为51.6度的轨道上的太空联合体，每90分钟环绕地球一周，使国际空间站具备了接待航天员居住和工作的基本条件。

2000年10月31日，俄罗斯“联盟”TM31号载人飞船发射升空，于两天后的11月2日在太空与国际空间站对接成功，一名美国航天员威廉·谢菲尔德和两名俄罗斯航天员吉津科、克里卡廖夫进站工作，成为该站接待的第一个国际长期考察组成员。

国际空间站原定2003年竣工，但是由于技术、资金和合作中的相互牵扯等原因，尤其是2003年2月1日的“哥伦比亚”号失事导致航天飞机无法定期发射，所以该计划一再推迟，最终在2011年建成。建设经费也在原定的630亿美元的基础上不断追加，最终确定为1 140亿美元。

6.5 太空里的中国屋

天宫一号是中国第一个目标飞行器和空间实验室，于2011年9月29日21时16分3秒在酒泉卫星发射中心发射，标志着中国迈入中国载人航天“三步走”战略的第二步第二阶段。

2011年11月3日凌晨，天宫一号与“神舟”八号飞船成功对接，中国也由此成为世界上第三个自主掌握空间交会对接技术的国家。2012年6月18日，“神舟”九号飞船与天宫一号成功实现自动交会对接，中国3名航天员首次进入在轨飞行器。2013年6月13日，“神舟”十号飞船与天宫一号完成自动交会对接任务。天宫一号的寿命只有两年，在与“神舟”十号分离后，已处于设计寿命末期。天宫一号在寿命末期，将主动离轨，陨落南太平洋。

“神舟”十号飞行任务的主要目的，一是为天宫一号在轨运行提供人员和物资天地往返运输服务，进一步考核交会对接、载人天地往返运输系统的功能和性能；二是进一步考核组合体对航天员生活、工作和健康的保障能力，以及航天员执行飞行任务的能力；三是进行航天员空间环境适应性、空间操作工效研究，开展空间科学实验、航天器在轨维修试验和空间站有关关键技术验证试验，首次开展面向青少年的太空科学讲座科普教育活动等；四是进一步考核工程各系统执行飞行任务的功能、性能和系统间协调性。

天宫一号的任务方案早在1992年国家制订中国载人航天“三步走”战略时就已确定。2002年，在进行了方案论证和审查后，天宫一号目标飞行器整个任务方案得到通过。2006年命名为“天宫一号”，这是希望航天员们在太空中生活的地方能与宫殿一样舒适，与“神舟”“嫦娥”相呼应，有一种真正的空间站雏形的概念。

天宫一号实际上就是一个空间实验室的雏形，全长10.4米，最大直径3.35米。主体为短粗的圆柱形，直径比“神舟”飞船更大，前后各有一个对接口。采用两舱构型，分别为实验舱和资源舱，实验舱由密封的前锥段、柱段和后锥段组成，实验舱前端安装一个对接机构，以及交会对接测量和通信设备，用于支持与飞船实现交会对接。对接完成后航天员进入全密封的前锥段和圆柱段进行工作、训练，一些必要的生活活动、睡眠等也大多都在这里进行。后部非密封的后锥段安装再生生命保障设备。与之前的载人航天器相比，天宫一号为航天员提供的可活动空间大大拓展，达15立方米，能够同时满足3名航天员工作和生活的需要。实验舱内还设有使航天员保持骨骼强健的健身区。资源舱为轨道机动提供动力，为飞行提供能源。

6.6　太空烹饪

在失重条件下，用普通餐具（如筷子、匙子和叉子）从开口容器中取出食物是可能的，特别是一些有黏性的块状食品，很容易用匙子和叉子取出来。只要稍加小心，用匙子取出来后还可以送入口中，中途不会漂浮或溅出。但是如果食品不带汤汁或没有黏性，则可能四处飘浮或飞散。有意思的是，在失重条件下用匙取食物比用叉还可靠。例如用匙盛牛奶，在失重条件下如果拿匙的手左右晃动，牛奶不会被晃出来；但如果是在地面，牛奶早被晃到地上。专家们认为，这是因为在失重条件下液体的运动是受表面张力、内聚力和黏着力的控制；在地面，则是受地球重力的控制。

在太空失重情况下绝不能用杯子饮水，因为在失重条件下水不会往下流，因此将杯子倒过来水不会自动流进嘴里面。在太空饮水一般都是用吸管吸。装饮料的容器一端有一个注水孔，航天员用塑料吸管插入注水孔吸饮。

除了载人飞船以外，在航天飞机和国际空间站上都有供航天员专门做饭的地方，即“太空厨房”。航天飞机的“太空厨房”实际上就是一个多功能的食品加工和储存柜。因此确切的称呼应是“太空厨柜”。厨柜内有食品储箱、调味品储箱、分水器、加热箱、餐具箱、清洁卫生用品箱和废物箱。此外，还有一个折叠式的食品制备台。在就餐时间前30~60分钟，由一名航天员担任“厨师”，负责食品准备。因为带到太空的食品都是“熟食”，所以食品准备简单方便，一般5分钟左右就可准备好。

有趣的是，在“太空厨房”中做饭的“厨师”，一般都是男性航天员，或者由男性航天员轮流担任，而女航天员以“食客”居多，这一点似乎与地面正好相反。

航天员进餐不用餐桌，而是用餐盘。餐盘可以固定在其他设备上，也可固定在舱壁上。不过根据习惯，最好将餐盘固定在大腿上，这样航天员即可以坐姿进餐。餐盘上有槽，槽内有金属弹簧夹具，用来固定食品容器。

航天员在太空是绝对不能抽烟和饮酒的。传说俄罗斯航天员在“和平”号空间站上抽烟，这是没有根据的。航天员在地面上可以是“烟鬼”，但在太空绝不允许抽烟。因为在太空抽烟，一来污染舱内环境，二来容易引发火灾。

据说法国航天员有一次在航天飞机上私自带上一小瓶酒，但他没敢喝，又原封不动带回地面，最后作为礼物送给好友。在太空，既不允许抽烟，也不允许喝酒。

图6－2 航天员在用餐，待食用的西红柿在面前飘浮

6.7 太空厕所

有些事情在地面上是不成问题的，可是在太空中就成了大问题，大小便就是一个典型的例子。为太空飞行的航天员解决大小便问题并不像在地面那样简单，一方面是因为太空是失重环境，人排出来的大小便不是往下流，而处于飘浮状态；另一方面是所有在太空的设备，都必须是体积小、质量轻、耗电少，这就给设计工作带来极大的困难。因此地面上所有的个人卫生设备在太空都不适用。

1961 年 5 月 5 日，美国第一位航天员谢泼德坐在水星飞船内等待发射升空，由于技术原因发射被拖延了 4 个多小时，结果谢泼德只能直接往自己穿的航天服的裤子里撒尿。美国宇航局吸取谢泼德的教训，很快为航天员设计出一种在太空收集尿的装置——强力纸尿裤。

在双子星座轨道飞行期间，大小便则分开收集。小便使用尿收集装置，这种装置上有一根管子，管子的一头是放在航天服内，外形与避孕套相似，要套在航天员的阴茎上，另一头通到一个尿储箱内，尿储箱与太空相通，最后就撒到太空中。大便收集装置也很简单，实际上就是一个直对着航天员屁股的长塑料袋。

阿波罗登月飞行情况虽然复杂，但航天员的小便收集袋的接尿管可以不跟身体直接接触，可多次使用。登月航天员除了带着尿收集袋外，还要穿着大便收集裤。两者都穿在液冷通风服之外。尿收集袋是系在航天员腰部，穿在大便收集裤外边。尿收集袋有一根排尿管，无论航天员是穿着航天服或是脱掉航天服，只要把这根管子与飞船的废物处理系统相接，袋中的尿即被排空。不过如果航天员是在指令舱内，这些尿最后都被排放到太空中；但如果是在月面上，这些尿就不能排放到月面上，而是暂时储存起来。

在阿波罗飞行中为了更好地解决大便问题，宇航局要求航天员在发射前尽量吃一些低残渣的食物，同时服用一点通便药，也就是说在发射之前尽量将大便拉干净；而在飞行期间，除了继续吃低残渣的食物外，还服用一点减少肠蠕动的药或止泻药，以便让航天员少拉大便。

与载人飞船上的个人卫生设备相比，航天飞机和国际空间站上的个人卫生设备真是“鸟枪换炮”。美国宇航局为航天员设立了太空马桶。只是由于太空是失重环境，水不会往下流，因此太空不能使用抽水马桶，而是使用“抽气马桶”。这种“抽气马桶”是靠气流将大小便带走，因此使用这种马桶时，屁股一定要跟马桶的边缘贴紧，使马桶内完全密封。如果密封不严，里面的气流就无法将粪便带走。在“抽气马桶”内大小便是分开收集的。马桶的前端有一个漏斗状的适配器，可以将小便收集和输送到小便桶中。“抽气马桶”不分男女，但适配器则分

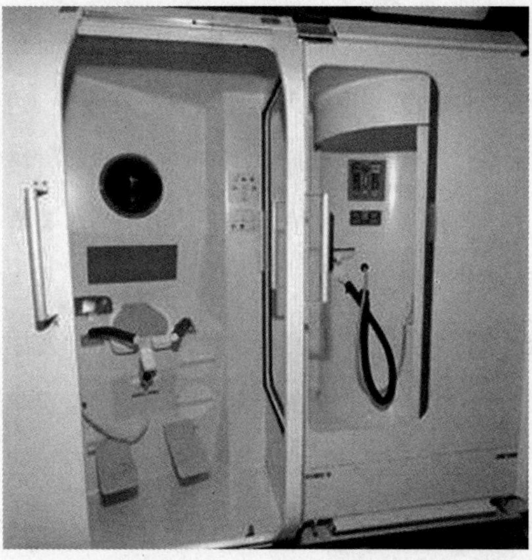

图 6－3　美国宇航局为国际空间站设计的太空厕所

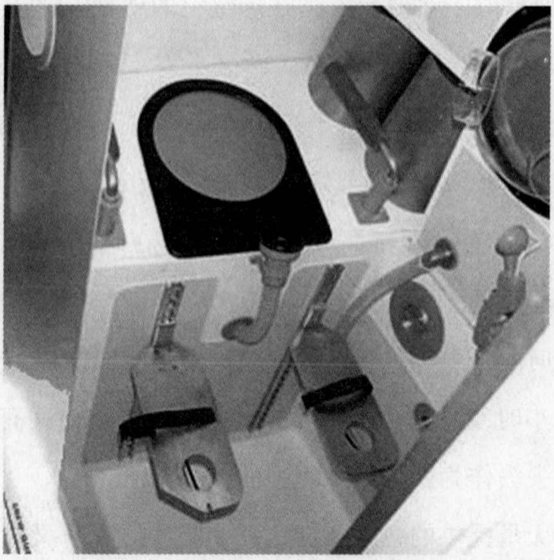

图 6－4 新型的俄罗斯太空厕所

男女。

在航天飞机飞行中，如果不是在发射和返回着陆阶段，航天员是不穿航天服的，因此可以像在地面一样上厕所。在航天飞机上，太空厕所位于轨道飞行器乘员舱的中层甲板上。厕所有两道门，门上都挂有门帘，由于航天员中有男有女，这样就给航天员提供一个保护隐私的空间。国际空间站上有 2 个太空马桶，分别装在俄罗斯舱段和美国舱段。

6.8 太空睡眠

在太空失重条件下，睡眠不受姿势的限制，可以躺着睡，坐着睡，站着睡，甚至倒立着睡。在失重条件下睡眠的最大优点是不需要床。你只要在居住舱中找一个角落，没有噪声和振动干扰，便可舒舒服服地睡上一觉。不过在睡前一定要用一根带子将自己固定在某个地方，否则当你睡着后，由于呼气时产生的反作用力会将你的身体推到空中，在舱内飘来飘去，直到碰撞在某个物体上把你撞醒。

航天飞机为航天员提供了睡袋。每个睡袋都有一个活动支架，睡袋上还有两条弹性带，用来将航天员固定在睡袋中，同时还可向身体施加压力，使背部紧贴在支架上，从而产生一种类似于在地面上睡在床垫上的感觉。睡袋在手臂处有两个开口，供航天员必要时将手臂伸出睡袋外。睡袋上有一条长拉链，床铺上有两条带子，钻进睡袋后应将拉链拉上，用带子将自己牢固地固定在床铺上。如果舱内有噪声、可以戴上耳塞或耳套。最后调节好通风口和关上床头的壁灯即可入睡。

在一天 24 小时中，航天员睡眠 8 小时。此外在睡前有 45 分钟的准备时间，以便航天员放松身心，便于入睡；起床后有 45 分钟的洗漱时间，然后准备上班。

在太空睡眠的时间是航天员自己决定的，但不能根据白天和黑夜来安排。载人飞船大约每 1.5 小时绕地球飞行一圈，大约每 90 分钟就有一次日落和日出。因此白天和黑夜已失去作为安排作息时间的参考价值。

航天飞机为航天员提供的睡眠条件比“天空实验室”又进了一大步。航天飞机上有两种睡眠设备分别提供给两种工作制使用：单班工作制使用睡袋；两班工作制使用卧厢。

在太空，有的航天员打鼾，有的不打鼾。失重对打鼾没有影响，如果你在地面上睡觉时打鼾，在太空也一样打鼾。不过在地面睡眠时，翻个身打鼾就会停止，而在太空，无论你怎样翻身，打鼾都不会停止。因为在太空睡眠，身体无论处于什么位置和姿势，都是一样的。

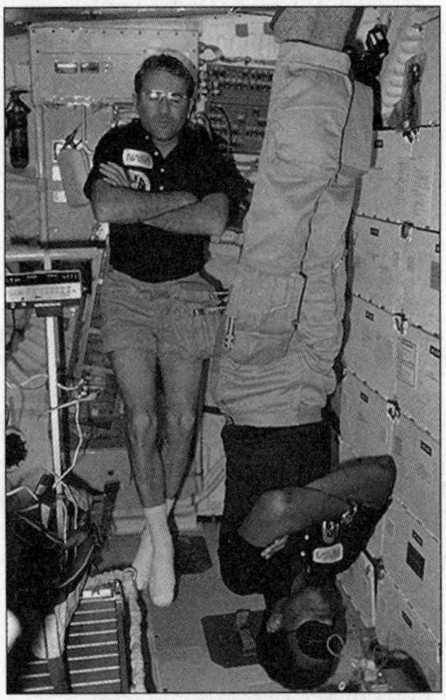

图 6-5　在太空中什么地方什么姿势都可以睡眠

图 6-6　正在太空酣梦的航天员

做梦也和打鼾一样，有的航天员做梦，有的不做梦。有时航天员还做恶梦。据说有一次，在航天飞机上有一个航天员做恶梦，大喊大叫，将其他航天员都吵醒，以为是发生了什么紧急情况。

在太空睡眠最大的缺点是失重常常会引起航天员身上感觉不适，再加上噪声和舱内光线太强，使得许多航天员产生失眠。在航天飞机上有一个药箱，里面装有各种常用药品，航天员服用的药45%是治疗失眠的药。

6.9 体能锻炼

航天员一旦进入失重状态，因为没有向下的重力作用，全身的体液开始向上半身和头部转移。这时航天员会出现颈部静脉鼓胀、脸变得虚胖、鼻腔和鼻窦充血、鼻子不通气。这些都跟地面上患感冒一样。体液转移不仅引起感冒样症状，而且还影响到人体的肾功能、激素和电解质水平。例如，在进入失重状态的第1周内，肾脏的过滤率增加20%，血浆容积迅速减少，使航天员出现贫血。血浆容积减少，血液浓缩，会导致红细胞的生成减少和破坏增多，因而使贫血加重。

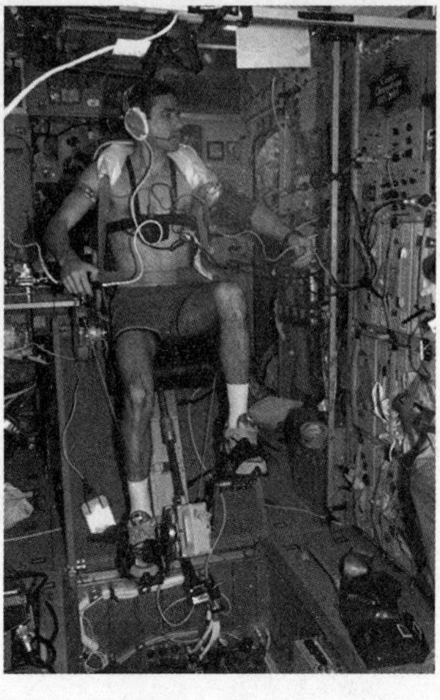

图6-7 航天员在脚踏车装置上锻炼

图6-8 航天员在跑步装置上锻炼

为防止航天员患太空运动病，航天员在航天中，特别是长期的航天中，用宝贵的时间进行体育锻炼，已经被航天医学科学家们认为是必不可少的、必须坚持的。

肌肉是人体内数量最大的组织，主要功能是保持身体直立姿势和活动身体。在失重状态下，对抗重力以保持身体直立的功能消失，因此这部分肌肉开始萎缩，使身体活动的功能还继续保留，如果航天员在太空中注意加强体育锻炼，这部分肌肉变化不明显。除肌肉的形态变化以外，肌肉质量也发生变化。

人体的肌肉与骨骼是不可分离的，在肌肉萎缩的同时，骨骼也发生变化。骨骼变化在外表上不如肌肉明显，但性质严重，属于骨骼质的退化。科学家们对美国和俄罗斯航天员的研究发现，他们的骨骼在太空飞行中大量脱钙，最明显的是腰椎、髋骨和股骨上部，大约每个月脱失 1%。个别骨头钙的脱失更快，如跟骨。骨质脱钙一方面是容易引起骨折，另一方面是使体液中钙的含量增高，继而引起肾结石和软组织钙化。航天员返回地面后，骨质脱钙现象在 1 个月之内停止，但科学家们仍不知道这些脱失的钙能否完全恢复。特别是有少数航天员在太空停留的时间很长，甚至达 1 年以上，这时有些骨骼的变化可能成为不可逆。在太空中引起骨质脱钙的原因除失重外，航天员的体力活动量、激素水平、营养和维生素的补充也是不可忽视的因素。

目前，一两天的短期航天中，航天员只能做徒手体操进行锻炼。长期航天的空间站内，都设有专为航天员体育锻炼的“小型体育场”，设置了一些特殊的航天锻炼器材供航天员使用，这些器具有自行车功量计、微型跑道、弹射拉力器等。因为弹簧的弹力与重力无关，在失重环境中拉弹簧拉力器仍然需要相同的力量。在脚上绑弹力带，也会使在微型跑道上跑步和踩自行车功量计时需要付出力量，可以达到锻炼的目的。还有一种准体育器材，就是负压裤子，它是密封的，穿上后抽成真空，造成下身负压，以对抗失重环境中体液的上涌，使血液流向下身，避免下身病变。

6.10 中国太空课堂

中国航天史上首次太空授课，于2013年6月20日10时04分至10时55分开课，女航天员王亚平在指令长聂海胜的配合下做了5个有趣的物理实验，并通过天地对话给中小学生进行了答疑。

王亚平向大家展示了测质量的装置——“质量测量仪”，并请聂海胜共同演示。首先让聂海胜固定在质量测量仪上，然后王亚平把连接运动机构的钢丝绳拉到指定位置，之后拉力会使他回到初始位置，这样就测出了他的质量：74千克。王亚平解释说：“根据牛顿第二定律：物体受到的力等于它的质量乘以加速度。测出力和加速度，就可以算出质量了。因此，我们设计了一个‘弹簧－凸轮’机构，能够产生一个恒定的力，就是刚才把聂海胜拉回到初始位置的力。我们还设计了一个光栅测速系统，能够测出刚才身体运动的加速度。然后根据牛顿第二定律，就可以算出身体的质量了。”

太空单摆实验中出现了让人匪夷所思的现象。王亚平展示了一个支架，细绳将小球连接在支架上，形成了一个我们地面上常见的单摆。当王亚平推动小球时，小球并没有像在地面上一样做往复摆动，而是轻轻地飘荡在空中，貌似无力地无规则移动，“这是为什么呢?”王亚平让同学们思考，答案很明显，“因为在太空中小球处于失重状态，没有了回复力。”接下来王亚平推了小球一下，小球竟然在做圆周运动！再换个方向演示，小球仍然在做圆周运动！这是因为在太空中，小球处于失重状态，即使我们给小球一个很小的初速度，它也能绕摆轴做圆周运动；但是在地面上却需要一个足够大的初速度才能够实现。

一个彩色“陀螺”的出现意味着第三个实验开始了。她先是把静止的陀螺悬空放置，给它一个干扰力，这个静止的陀螺就会翻滚着向前运动，它的轴向发生了很大的改变。之后把它抓回来让它旋转起来，这次，它不翻滚了，而是晃动着向前走。高速旋转的陀螺具有很好的定轴性，这项实验说明，陀螺这一定轴特性在天上地上是完全一样的。

整个太空授课的最高潮出现在最后两个实验中：太空制作水膜和水球。王亚平用一个金属圈伸进水袋里，当金属圈拉出来时，圈上套着一个漂亮的水膜。当她轻轻地晃动金属圈时，水膜依然结实地黏附在圈上，看到这一幕，地面课堂响起了热烈的掌声。地面上有重力的影响，所以水膜很容易破裂，而在太空中，由于处于失重状态，水的表面张力就能轻松地形成水膜。

随后王亚平用注射器往水球中间注入了两个气泡。这两个气泡并没有融合到一起，而是单独地存在着。王亚平将带颜色的液体注入到她刚刚制作的水球中，当红色的液体在水球中慢慢地散开，水球由透明变成红色，在航天员张晓光的镜头里，这个漂亮的水球微微晃动，娇嫩欲滴，不禁让人感叹物理世界的神奇。

实验结束后，王亚平说：刚才我们给大家展示了几个在失重环境下奇特的物理现象。利用太空这种独特的资源，一方面我们可以开展基础研究，另一方面，我们还可以为应用服务。比如说在失重环境下，我们可以获取到结构更加均匀、完整、尺寸更大的半导体机器，开展材料的基础研究，通过对比差异，来优化和改造地面的生产工艺。再比如说在失重环境下，冷原子中的频率稳定度会大大地提高，可以用于未来的高精度的卫星导航定位系统。

到目前为止，全世界已发射了 9 个空间站。空间站的发展，帮助人类积累了在太空长期活动的经验，提供了保障措施，取得了空间生命科学、空间材料加工、微重力科学、对地观测等科学数据和知识。绝大部分人认为，空间站的发展会间接带动全球经济。还有一些坚定的支持者认为，即便空间站在科学方面的意义为零，仅其发挥的推动国际合作的作用，也足以令空间站建设彪炳史册。

7　航天飞机

航天飞机是可重复使用的、往返于太空和地面之间的航天器。它结合了飞机与航天器的性质，既能代替运载火箭把人造卫星等航天器送入太空，也能像载人飞船那样在轨道上运行，还能像飞机那样在大气层中滑翔着陆。航天飞机为人类自由进出太空提供了很好的工具，它大大降低航天活动的费用，是航天史上的一个重要里程碑。

7.1　航天飞机首航

1981 年 4 月 12 日，是人类航天历史上崭新的一页。历经 9 年研制，花费约 100 亿美元，第一架真正的航天飞机——“哥伦比亚”号航天飞机飞上了太空，从此开启航天飞机时代。后来，美国又先后放飞了“挑战者”号、“发现”号、“亚特兰蒂斯”号和“奋进”号航天飞机。

这天凌晨 2 时，“哥伦比亚”号静静地矗立在美国肯尼迪航天中心的 39A 号发射阵地上。这个大家伙长约 56 米，宽 23 米多，起飞重量约 2 000 吨。它由三部分组成：像飞机的轨道器，长约 27 米，翼展宽约 23 米，自重约 68 吨，其体积与大型喷气式客机相似；后面是长约 47 米、直径约 8 米的外储箱，内部装有上千吨的液氢和液氧，作为轨道器上 3 台液体主发动机的推进剂。外储箱两侧是固体燃料助推器。

7 时，随着 2 台固体火箭发动机和 3 台液体火箭主发动机同时点火，航天飞机的尾部发出闷雷般的巨响，喷出一股浓烟。两个固体燃料助推器的尾部喷出了 180 多米长、60 多米宽的橘黄色火舌，航天飞机周围升起了耀眼的白雾。宇航舱

图 7-1 航天飞机首次发射时为了美观，把其外储箱涂成白色。后来，为了节约成本和认为没必要，外储箱仍保留保温材料原有的橘红色

里，老练的航天员约翰·杨和罗伯特·克里平，身穿航天飞机专用航天服，神态自若地操纵航天飞机。

飞至大约 50 千米的高空，固体燃料助推器燃烧完毕，借助 6 支分离小火箭与轨道器分离，其空壳通过用降落伞减速溅落在预定海域。在那里，美国的“自由”号和“自主”号回收船，早已恭候多时。

轨道器在主发动机的推动下继续上升。它将外储箱抛掉后，进入了预定轨道。这时，主发动机熄灭，2 台小型火箭发动机启用，边飞边调整轨道器姿态。

飞行 50 多个小时，环绕地球 36 圈后，“哥伦比亚”号准备返航。在爱德华空军基地，4 架 T-38 歼击机整装待发，准备以一个同步方阵飞行 5 分钟，以便于在 1.2 万米的高空与“哥伦比亚”号会合，并跟踪拍摄到它降落为止。

“哥伦比亚”号终于飞进了 122 千米的大气屏障。它以 24.6 倍于地面音速的速度飞行着。当“哥伦比亚”号飞到 533 米的高空刚刚跨进湖床区域时，约翰·杨立即把机头拉升起来，飞机的速度很快降到每小时 352 千米。

在飞机着陆前 9 秒，约翰·杨放下了机轮。这时，一架在一旁低飞的跟踪飞机通过无线电报告说：“起落架已经放下，高度：…50…40…4，3，2，1，接地了!”

地面控制人员兴奋地欢呼：“大功告成了，大功告成了!”

“哥伦比亚”号在干湖床跑道上滑行了2 700多米后，停了下来。这时，由20辆各类车辆组成的回收车队，立即飞快地向航天飞机驶去。航天飞机刚刚返回地面，仍然带着高温。因此，按照安全条例规定，它着陆后15分钟内，必须接上大型空调机和其他辅助设备，以便保证舱内温度不受余热的影响，否则舱内的电子设备就会被损坏。

约翰·杨和罗伯特·克里平走下了航天飞机，并围绕着飞机走了一圈。他们兴高采烈地挥动双手，庆祝这次首航的成功。

7.2 “暴风雪”号的命运

在人类现有的“登天梯”中，航天飞机是唯一可重复使用的、往返于太空和地面之间的航天器。迄今为止只有美国与苏联有能力制造能进入近地轨道的航天飞机，并曾实际成功发射并回收。其他国家发展的类似计划则尚未有实际发射并进入轨道的纪录。

“暴风雪”号是苏联航天飞机计划中唯一一架真正完成建造及发射的航天飞机。与美国的航天飞机类似，“暴风雪”号降落后也由一架运输机从降落地点运回发射场，执行此任务的是为运载“暴风雪”号专门设计的安－225运输机（图7－2）。

1988年11月15日，“暴风雪”号航天飞机从哈萨克拜科努尔发射场顺利发射升空。由经特别设计的“能源”号运载火箭送上太空。由于此次任务是无人驾驶，所以机上并未安装生命保障系统，也没有为操控台安装软件。在这次任务中，“暴风雪”号用时206分钟围绕地球飞行两周，然后在17米/秒的侧风下自动降落在拜科努尔的跑道上。

当时，苏联在广播中播放了一段航天飞机的发射片段。这个举动引起西方猜测：怀疑整个任务是虚构的，“暴风雪”号的降落并非由外太空地球轨道返回地球，只是由航天飞机运输机上降落而已。美国“企业”号航天飞机亦曾进行过这

图7-2　安-225运输机驮着“暴风雪”号航天飞机转场

种任务，以测试航天飞机在发射及降落时的飞行数据。为了消除有关猜测，苏联当局向外公开了“暴风雪”号发射时的影片，证实了航天飞机的确被发射升空，苏联传媒引述指当时天气情况恶劣。

“暴风雪”号航天飞机本来按计划还要在1993年再进行一次无人飞行，任务期为15~20天。但最终因为苏联解体，整个航天飞机计划取消而告吹。2002年5月12日，存放在哈萨克的“暴风雪”号轨道器和“能源”号助推火箭因机库倒塌而被砸毁，同时遇难的还有8名工人。

回眸“暴风雪”号，很多航天专家惋惜不已。“暴风雪”的先进性并不亚于美国航天飞机。首先，“暴风雪”号的主发动机不是装在航天飞机尾部，而是装在“能源”号火箭上。这样就大大减轻了航天飞机的入轨重量，同时腾出位置安装小型机动飞行发动机和减速制动伞。其次，“暴风雪”号着陆时，可用尾部的小型发动机做有动力的机动飞行，安全准确地降落在狭长跑道上，万一着陆姿态不佳，还可以将航天飞机升起来进行第二次着陆，从而提高了可靠性。而美国航天飞机靠无动力滑翔着陆只能一次成功。第三，“暴风雪”号能像普通飞机那样借助副翼、操纵舵和空气制动器来控制在大气层内滑行，同时也像美国航天飞机一样有减速制动伞，在降落滑跑过程中当速度减慢到50千米/小时时自动弹出，使航天飞机在较短距离内停下来。

图7－3 苏联“暴风雪”号航天飞机

7.3 太空 “杂技”

航天飞机结合了飞机与航天器的性质，既能像运载火箭把人造卫星等航天器送入太空，也能像载人飞船那样在轨道上运行，还能像飞机那样在大气层中滑翔着陆。

1984年2月3日，“挑战者”号升空，在8天的飞行任务中，航天员布鲁斯·麦坎德利斯首次进行了不系带的太空行走，此后航天员“太空漫步”成为航天飞行任务中经常出现的画面。

航天飞机轨道器一旦进入太空，航天员首先要做的就是将有效载荷舱舱门打开。如果不这样做，轨道器飞行一段时间，内部温度就会过高。航天飞机在太空中执行的所有任务，都离不开有效载荷舱。在不同的任务中，有效载荷舱所携带的载荷不同。执行卫星施放任务时，有效载荷舱内安装的是需要释放的卫星。因为航天飞机所携带的燃料只能使轨道器在300千米高度的近地轨道飞行，而大多数卫星运行的轨道高度要比这个高度高，所以通常在执行卫星施放任务时，还需要把一枚火箭接到卫星上。当轨道器到达合适的位置时放出卫星，卫星再由火箭提供动力，进入更高的运行轨道。有时候，还需要进行卫星抢救和修理工作，航天员可根据具体情况，决定是在太空中进行修理工作，还是放入载荷舱送回地球。但不论哪种方式，几乎都需要航天员通过气闸舱进行舱外活动。

气闸舱在轨道器中的安装位置不是一成不变的，既可以装在中舱内也可以装在有效载荷舱内。执行舱外任务时，航天员从中舱进入气闸舱，关闭通往座舱的密封舱门，然后换上航天服，启动一发动机，将气闸舱内的空气慢慢抽出。待空气抽尽时，打开通向有效载荷舱的舱门，进入太空环境（图7－4）。在太空中的行动并不容易，想象一下在游泳池中的行动，舱外的任何一个动作都比在游泳池中行动困难得多。最重要的是航天员要时刻注意不要让卫星上的任何边缘将自己的航天服划破。

图7－4　航天飞机进入太空后有效载荷舱舱门打开

为了协助舱外航天员的活动，工程师们在有效载荷舱内安装了一个机械手臂。像人的手臂一样，该机械臂具有“肩关节”和“肘关节”，“肩关节”在有效载荷舱口的左舷内壁上，“肘关节”连接了机械臂的上臂和下臂，完全展开时机械臂长 15.24 米，不使用时收放在有效载荷舱内的左舷。在机械臂的末端是一个空心的圆柱，当航天员需要机械臂“抓握”物体时，通过飞行舱后部的仪器控制机械臂移动，把物体的一部分放入圆筒，再利用圆筒外壳的三根导线将物体固定。有时航天员也将自己连到机械臂末端，把机械臂作为自己的活动平台。

7.4 空间实验室

航天飞机在太空中最重要的一项任务是进行科学实验，但可惜的是航天飞机的机组座舱空间非常狭小，不足以放下大量的科研设备。为此，欧洲空间局为航天飞机设计了可以放入有效载荷舱的空间实验室。

空间实验室长约 5.5 米，直径 4 米，是一种多功能、多用途、半自主的轨道研究设施。一条增压通道将空间实验室的前端与轨道舱的中舱连接，航天员可直接进入空间实验室，进行对地观测、天文观测、生命科学研究、生物医学实验和工业技术研究 5 个领域的大量研究与实验任务。每次飞行，空间实验室能接纳 1 ~4 名有效载荷专家。

为了既节省资金又能完成性质全然不同的任务，空间实验室设计时采用了模块式组合结构，它的组成单元主要有两个：增压舱和 U 形台架。其中增压舱又由核心舱和实验舱两段构成。核心舱直径 4.06 米，长 2.7 米，它的内部装有生命保障系统和数据处理设备、支援系统和工作台，外部设有观光窗和观察口；实验舱内部装有各种科学仪器，它的长度也是 2.7 米，直径 4.06 米，它的顶部设有气闸通道，航天员可以通过这个通道进入开放的宇宙空间。核心舱可以单独执行飞行任务，而实验舱则只能组合后执行任务。U 形台架每个长 2.9 米，宽度 4.06 米。它的上面有 18 块可安装各种仪器的金属板，按规定每个台架上安装仪器的总重量不得超过 3 吨。

1983 年 11 月 28 日，“哥伦比亚”号将“空间实验室”1 号发射升空，开始了第一次试验工作。到 1986 年“挑战者”号失事之前，有 3 个空间实验室发射并开始试验。

1985 年 10 月，德国专门研制的“空间实验室”D1 进入太空。由于“挑战者”号的失事，加之美欧之间就空间实验室权益方面的争议很大，致使空间实验室未能按预定计划进行。整个计划共在航天飞机上搭载了5个空间实验室，其中欧洲空间局3个，德国独立研制的2个。

7.5 女教师魂断蓝天

1986年1月28日，佛罗里达州的卡纳维拉尔角出奇的寒冷，往年这里1月的平均气温是8 ℃。那天早晨，温度计的水银柱陡降至－2 ℃，不过这个早晨的寒冷并没有影响教师、学生、家长们的兴致，他们排队进入露天看台，准备亲眼目睹美国宇航局的第25次航天飞机发射升空。他们的夹克上别着圆形的小徽章，庆祝第一位“太空教师”克丽斯塔·麦考利夫升空。这位36岁的教师是在持续10个月的公开征选中从11万多人中选出来的。麦考利夫将要在太空上教授两堂课。她在接受专访时说:“我希望给予大家普通人在太空中的看法，让大家明白，在那里有另外一种新的生活方式，相信未来会有太空法律、太空商业，学生们必须为那样的未来做准备。”

但是，几位来自莫顿·塞奥科公司的工程师有点担心坏天气，航天飞机的两个固态火箭推进器由他们公司生产。在发射前会议中，这些工程师极力主张延后发射。航天飞机的两个固态火箭推进器均由四部分组成，连接的方式是其中某部分的凸出区刚好装入另一部分的连接器，一个橡皮O形环和内含石棉的铬酸锌所构成的封泥在接合处形成密封状态。当固态火箭推进器点燃时，推进剂的燃烧会产生极大的热量与压力。只有O形环能够确保助推器热气不吹出密封口。糟糕的是，“挑战者”号已在发射台上等待了38天，那段期间当地下了178厘米的雨，没有人能够确定低温和潮湿会不会让O形环变形。

就在麦考利夫的父母仰望天空，为女儿身为首位“太空教师”而骄傲时，航天飞机升空了。一分多钟后，“挑战者”号凌空爆炸（图7－5），7名机组成员全部牺牲（图7－6）。

这次不幸事件发生后，美国召集了一个委员会，组成人员包括第一位在月球漫步的尼尔·阿姆斯特朗，第一位上太空的美国女性萨利·莱德，还有曾经致力

图 7－5 “挑战者”号航天飞机爆炸情景

图 7－6 “挑战者”号机组，前左为麦考利夫

于“曼哈顿计划”的诺贝尔奖物理学家理查德·费曼。他们访问了 160 人，审阅了 10 万页文件，写成了 12 万页的文章。他们断定，寒冷的天气以及液态火箭推进器上的缺陷要为 7 名太空人的死负责。

他们写道：雨水造成的湿气可能进入了接合区并冻结，降低了 O 形环的弹性，导致热气外泄。照相证据显示，固态火箭推进器起火后 1 秒，右侧发动机接合处冒出了一阵阵黑烟，这里就是 O 形环着火的地方。不到 1 分钟时间，就看到了火焰。因为空气动力的关系，火焰直接窜向外部油箱，贯穿外部油箱并切断外部油箱。氢气溢出，与氧气槽溢出的气体混合，导致大爆炸。固态火箭推进器沿着无人引导的轨道继续飞行，直到美国空军将其击落。轨道舱从燃料箱脱落，掉入大西洋。调查委员会断定，爆炸时，机组人员应该还活着，而且在意外发生时，有些人可能还意识清醒，但是当轨道舱以 331 千米/小时的速度撞击大西洋并解体时，恐怕无人生还。一直到 3 月才发现机组人员的遗体。麦考利夫被埋葬在距离她任教学校 32 千米的一座山顶上。

7.6 太空望远镜

在运筹帷幄了几十年之后，哈勃空间望远镜作为美国宇航局大型天文台中的第一个空间望远镜，终于在 1990 年 4 月 24 日由“发现”号航天飞机发射上天，开始决胜千里之外（图 7－7）。在太空修复了主镜存在的结构问题之后，哈勃空间望远镜彻底地改变了我们认识的许多领域，并且为大众奉献了一幅又一幅摄人心魄的宇宙画面，这包括了从恒星诞生到死亡的过程、黑洞以及它们和星系形成之间的关系，星系在几十亿年中的演化过程以及检验宇宙膨胀的基本模型。

图 7－7　发射哈勃空间望远镜

相比地面望远镜，哈勃空间望远镜既不“高”也不“帅”，主镜只有 2.16 米，搭载的仪器设备也是 20 世纪 80 年代的水平。是什么使“哈勃”对科学和公众具有如此巨大的影响力呢?

“哈勃”成功的秘诀关键就在于航天飞机将它送达的位置。位于地球大气层之上的“哈勃”没有任何视野阻挡，拍摄的图像可以分辨出小于0.1角秒的细节，相当于1千米以外看清0.5毫米的东西，至少比地面望远镜清晰10倍以上。由于没有大气湍流干扰，“哈勃”获得的图像和光谱具有极高的稳定性和可重复性。这些特性使得“哈勃”在测量天体的亮度和结构时可以达到前所未有的精度，就像在野外黑暗的营地比在明亮的城市街道上可以看到更多的星星，同样地，太空中的“哈勃”可以探测到比天空背景还要暗的天体特征。此外，没有地球大气层的吸收，“哈勃”还能在紫外波段上进行观测。这对于追踪天体物理气体中某种元素的丰度以及解释观测到的遥远星系的某些现象至关重要。

航天飞机的成功运行使得美国大型轨道天文台计划得以实施。该计划包括美国宇航局研制的4个大型空间望远镜。1991年4月5日，康普顿伽马射线天文台由“亚特兰蒂斯”号航天飞机搭载升空，工作在伽马射线波段，也能扩展到硬X射线波段。钱德拉X射线天文台工作在软X射线波段，1999年7月23日由“哥伦比亚”号航天飞机搭载升空。斯皮策空间望远镜工作在红外波段，由于“哥伦比亚”号爆炸，2003年8月25日由“德尔它”2型火箭发射升空。

大型轨道天文台计划的初衷是将不同电磁波段的天文学研究各自推进一个时代。由于红外线、X射线和伽马射线不能穿透地球大气层，因此只能通过空间天文观测获得信息。康普顿伽马射线天文台和钱德拉X射线望远镜都在口径或者分辨率上比前一代天文卫星提高了一个数量级，斯皮策空间望远镜虽不比之前的空间红外望远镜口径大很多，但是得益于红外探测设备的快速发展，性能上有了很大的提高。

除了这些大型空间望远镜，1989年5月4日，“亚特兰蒂斯”号航天飞机成功发射“麦哲伦”号金星探测器。1989年10月18日，“亚特兰蒂斯”号将“伽利略”号木星探测器运送升空（图7-8），“伽利略”号于1995年12月7日接近木星，从此揭开了木星及其卫星的真面目。1990年10月6日，“发现”号航天飞机将“尤利西斯”号太阳探测器送入轨道。

图 7-8 “伽利略”号木星探测器

7.7 太空修理厂

哈勃望远镜发射之后，天文学家立即发现它的主镜有球面像差，严重地降低了望远镜的观测能力。哈勃空间望远镜的设计中原本就规划了维修的任务，所以天文学家立刻就开始寻找可以在 1993 年预定进行第一次维修任务时解决问题的方案。让柯达公司再为哈勃制作备用镜在轨道上进行更换太昂贵且耗费时间，临时将望远镜带回地面上修理也不可能。相反，镜片错误的形状已经被精确地测量出来，因此可以设计一个有相同的球面像差，但功效相反的光学系统来抵消错误。也就是在第一次的维修任务中为“哈勃”配上一副能改正球面像差的眼镜。

1993 年 12 月 4 日，“奋进”号航天飞机在轨修复哈勃空间望远镜，开创太空修复大型探测器的先例。在主镜的问题明朗化之后，第一次的维护就变得非常重要，因为航天员必须全面进行望远镜光学系统安装和校正的工作。被选择执行

图 7－9 航天飞机航天员在维修哈勃空间望远镜

任务的 7 名航天员，接受了近百种使用专门工具的密集训练。在 10 天的飞行中 4 名航天员进行了 5 次舱外活动，为哈勃望远镜重新安装了几件仪器和设备，对望远镜上的计算机进行更新升级，还提高了它的运行轨道。1994 年 1 月 13 日，美国宇航局宣布维修任务顺利完成，并展示了许多新的图片。

后续的维修任务没有如此的戏剧化，但每一次都给哈勃空间望远镜带来了新的能力。

第二次维护任务由“发现”号在 1997 年 2 月执行，以影像摄谱仪、近红外线照相机和多目标分光仪替换掉戈达德高解析摄谱仪和暗天体摄谱仪；以一台新的固态记录器替换工程与科学录音机，修护了绝热毯，再次提升哈勃空间望远镜的轨道。

第三次维护任务仍然由“发现”号在 1999 年 12 月执行，更换了全部的 6 台陀螺仪，又更换了一个精细导星传感器和计算机，安装一套组装好的电压/温度改善工具，以防止电池的过热，并且更换绝热的毯子。

第四次维护任务由“哥伦比亚”号在 2002 年 3 执行，以先进巡天照相机（ACS）替换了暗天体照相机，并且查看了冷却剂已经在 1999 年耗尽的近红外线照相机和多目标分光仪。更换了新的冷却系统之后，虽然还不能达到原先设计时预期的低温，但已经冷到足以继续工作了。在这次任务中再度更换了太阳能电池板。新的太阳能电池板能多供应 30% 的电力，这多出来的电力使得哈勃空间望远镜上所有的仪器可以同时运作。

2008年9月，哈勃空间望远镜上的数据处理系统出现严重故障，无法正常存储观测数据并传回地球，而且哈勃望远镜修复任务所在位置与国际空间站距离十分远，航天员在紧急情况下无法找到有效的安全避难处，这使得维护哈勃望远镜变为一项极度危险的任务。经过慎重考虑后，2009年5月11日14时01分“亚特兰蒂斯”号航天飞机升空执行任务，同时，让另一架航天飞机在发射台待命随时准备执行救援任务（图7-10）。7名航天员在这次为期11天和5次太空行走的任务中，为哈勃空间望远镜进行了脱胎换骨的维护更新，让其寿命从2010年延长至2014年。

图7-10 2009年5月11日，在肯尼迪航天中心同时竖立着2架航天飞机，其中1架是准备紧急救援用的

7.8 七勇士消失

美国“哥伦比亚”号是第一架进入太空的航天飞机，也是重量最大的航天飞机，约80.7吨，大约相当于13头非洲大象。美国当地时间2003年2月1日，载有7名航天员的“哥伦比亚”号航天飞机在结束了为期16天的太空任务之后，返回地球，但在着陆前16分钟发生意外，解体坠毁。

“哥伦比亚”号航天飞机失事的原因成为全世界关注的焦点。经过长达1年多的调查，最后确认，这次事故是几种因素的“集成”。

起飞后80秒，因遭受到从外燃料箱上掉下来的一块绝缘材料的撞击，“哥伦比亚”号航天飞机轨道器左翼下的隔热瓦发生脱落。这是事故发生的主要原因。在轨道器上共装有24 000块隔热瓦，这种隔热瓦的作用是抵御再入大气层时的高温。因为航天飞机再入大气层时，由于与大气的摩擦而产生1 650 ℃的高温。如果隔热瓦脱落，会导致隔热瓦保护层下部的铝构架的变形，使更多的隔热瓦脱落。如果隔热瓦脱落到一定数量，就会使航天飞机再入大气层时被巨大的压力和高温撕裂成碎片。虽然工程技术人员曾经花了几天的时间对这一事件进行过分析，但他们最后得出的结论是“不碍事”。

事故调查组发现：“哥伦比亚”号航天飞机在解体前，机身左侧的温度在5分钟内升高了大约60 ℃，左翼下面着陆架附近的温度也异常升高。由于航天飞机左侧的阻力增大，机上的自动导航系统一直在努力调整航天飞机的姿态，但无济于事。从录像带上还发现，在航天飞机到达大气层的上缘时，又有一些隔热瓦脱落。知道隔热瓦脱落可能引起的严重后果，但是为什么在航天飞机两周的飞行中不采取任何措施对隔热瓦脱落的情况进行检查？为何不让航天员通过太空行走到舱外去检查和维修航天飞机脱落的隔热瓦？为什么不设法营救机上的航天员？美国宇航局的所作所为给人一种印象，他们自始至终存在一种侥幸心理。由于这种侥幸心理，他们完全没有想到要去检查一下航天飞机左翼下隔热瓦的脱落情况，当然就不会考虑对它进行维修，更不会考虑如何营救航天员。

在“哥伦比亚”号爆炸前，航天飞机都在完成任务后顺利返回地面，以致公众认为，航天飞机应该和普通民航客机一样“安全”。实际上，美国航天飞机在退役前一共只进行了135次飞行，结果就发生了两次机毁人亡的严重事故。与此相比，普通民航客机和F22隐形战斗机的事故率则分别为两百万分之一和十万分之一。

尽管遨游太空的风险如此之高，许多专家和学者依然认为，人类不应欺骗科学，更不应因悲剧发生而停止自己探索太空的脚步。

7.9 握手“和平”号

1995年6月29日，“亚特兰蒂斯”号与俄罗斯“和平”号空间站实现历史性对接，航天员在太空“串门”，开启了两国太空探索合作的新时代。

通过航天飞机与“和平”号的9次对接飞行，美国44名航天员造访“和平”号，其中有5名航天员到“和平”号上长期工作和生活，累计时间977天，美国航天员露西德还藉此创造了连续飞行188天的世界女子太空飞行纪录。9次对接让美国掌握了航天飞机与大型空间站在轨交会对接的技术，积累了在空间站上长期工作和生活以及处理应急情况的经验。美国航天员在“和平”号上经历了火灾、制氧机失灵和密封舱泄漏等险情，还遇到了大量技术性故障，这让航天员在以后的任务中遇到困难时有足够的心理准备。两国航天员取得了共同处理问题的经验，建立起合作精神。美国航天飞机飞一次要花约3.5亿美元，而在1995～1998年的4年间，美国才支付给俄罗斯4亿多美元，可谓是“花小钱办大事”，美国捞到了真正的实惠。

图7-11 美国航天飞机与“和平”号空间站对接

1998年11月，随着第一个舱段“曙光”号多功能货舱的发射升空，国际空间站开始逐渐登上历史舞台。美国极不情愿看到天上另有一座空间站与国际空间站分庭抗礼，而且美国人已经从“和平”号上得到了他们所需要的东西，于是，美国宇航局逼迫处在经济窘境的俄罗斯早早地放弃了“和平”号。

1998年以后，航天飞机又增加了一项重要使命，进行国际空间站的建设任务。按照计划，国际空间站建设共需要超过50次太空飞行和组装，其中的39次飞行需要由航天飞机完成，自此航天飞机成为空间站建设的“工程车”。

1998年12月4日，“奋进”号把美国为国际空间站建造的第一个组件“团结”号节点舱送入太空，两天后“团结”号与俄罗斯“曙光”号货物舱对接，启动了拖延多年的空间站建设；2011年7月8日，“亚特兰蒂斯”号告别飞行，最后一次为国际空间站运送物资。指令长克里斯·弗格森说：“这将是航天飞机项目的完美谢幕。没有航天飞机，国际空间站根本无法建设。”

7.10 谢幕之旅

30年来，航天飞机为美国乃至全人类的太空探索做出了贡献。不过，发射成本居高不下、风险相对较高等因素导致其黯然退出历史舞台。

2011年2月24日，“发现”号最后一次发射升空。美国宇航局局长查尔斯·博尔顿为此而伤感落泪。在接受BBC（英国广播公司）采访时，他说：“我会对国会和美国民众说，我们不会失去在人类探索方面的领先地位，不会失去太空探索的领先优势。”不久后，“奋进”号和“亚特兰蒂斯”号也相继“吻别”太空。

2011年5月16日，“奋进”号航天飞机从佛罗里达州肯尼迪航天中心升空，执行退役前的最后一次太空之旅。“奋进”号是美国建造的最后一架航天飞机，用来替代1986年1月28日爆炸的“挑战者”号航天飞机。这个在全国学校范围内征集的名字是为了纪念18世纪英国探险家詹姆斯·库克在第一次太平洋探险中乘坐的探险船。在这次远征中，库克绘制了澳大利亚东海岸的地图，并且发现了新西兰。“奋进”号建成于1991年4月25日，造价20亿美元，耗时近4年。

与美国其他航天飞机相比，它采用了更为先进的航天技术，一次可在太空飞行28天。在其短暂的服役生涯中，“奋进”号总共执行了25次飞行任务，其中包括对哈勃空间望远镜进行首次太空维护。“奋进”号的最终归宿地是位于洛杉矶的加利福尼亚科学中心。

2011年7月8日，“亚特兰蒂斯”号从肯尼迪航天中心升空，执行航天飞机项目第135次也是最后一次飞行，向空间站运送了一年的给养。随同升空的4名航天员协助空间站航天员回收了一个故障液氨泵，在空间站上安装了名为“机器人燃料补给任务”的实验装置。2011年7月21日清晨，“亚特兰蒂斯”号航天飞机在肯尼迪航天中心安全着陆，从而为美国为期30年的航天飞机项目正式画上了句号。

自1985年10月首飞以来，“亚特兰蒂斯”号总共在太空中运行了307天，绕地球飞行了4 848圈，总飞行里程超过2亿千米。此次任务完成后，“亚特兰蒂斯”号正式退役，它也成为美国最后退役的航天飞机，此前“发现”号和“奋进”号已于上半年分别退役。它们连同美国第一架试验性的航天飞机“企业”号一起，在博物馆找到最后的归宿。

从理想角度讲，太空飞行器使用单级助推器实现从起飞、入轨一直到着陆的全过程，只需在两次飞行之间补充燃料即可。但事实证明，到目前为止，要想同时满足这些要求，仅凭现在的技术，还远远不够。

8 空间站值班

空间站是一种容积较大、在环绕地球轨道上运行的载人航天器，里面有必要的生活设施和仪器设备，可以接纳多名航天员在里面长时间生活、工作，也可以接受航天员进行短期访问，开展必须有人照料的科学技术实验和其他活动。到目前为止，已累计有几百名科学家在不同的空间站里工作过，不仅为地球上的科学、工业和医疗领域带来了持续的效益，而且也开启了未来人类进一步探索太空的大门。

8.1 俄罗斯的“星辰”

“星辰”号服务舱是第三个被发射入轨的空间站组件，可供两名乘员生活和工作，它是空间站上俄罗斯航天员活动的中心。“星辰”号服务舱是目前唯一的一个由俄罗斯出资和建造的空间站组件，虽然“码头”号对接舱和“曙光”号多功能货舱也是由俄罗斯制造的，但出资者和所有者都是美国。

2000 年 7 月 12 日，“星辰”号服务舱发射升空，7 月 26 日与“曙光”号对接。用于执行此次发射任务的质子号运载火箭发布了有史以来第一次的太空广告，快餐连锁企业必胜客的标志被环绕地印在火箭上。为此，必胜客公司支付了 100 万美元。

“星辰”号服务舱包括供空间站乘员生活和工作的圆柱形的“工作隔舱”、有对接装置的“中转隔舱”和非承压的“装配隔舱”三大部分。在“工作隔舱”里面有可供 2 个乘员睡觉的区域，1 台美国宇航局提供的跑步机和 1 辆自行车可供健身使用，1 个厕所以及其他卫生设备，1 套带冰箱的厨房设备。“中转隔舱”

与“曙光”号功能货舱相连，在“中转隔舱”的周围，有一个带有3个对接口的球形“中转间”，装备有自动对接装置，可用于对接“联盟”号宇宙飞船和“进步”号货运飞船。“装配隔舱”装备有诸如推进器、天线和推进箱等外部装备。

图8－1　从上到下是“团结”号节点舱、“曙光”号多功能货舱和“星辰”号服务舱

“星辰”号服务舱有16个小的和2个大的推进器用于推进。另有8个电池用于储存能量。航天员曾投诉：“星辰”号服务舱噪声过大，以致于乘员们在舱内不得不使用耳塞。整个服务舱重18 051千克，长13.1米，太阳能电池板展开时宽为29.7米。

“星辰”号上安装了俄罗斯的用于指令和导航的主计算机，还装备了一个电解浓缩湿气产生氢气和氧气的电子装置。氢气被排放出去，而产生的氧气可供呼吸。浓缩湿气产生的水和废水可以在紧急情况下作为饮用水，但在通常情况下，使用从地面带来的新鲜水。用以产生氢气和氧气的电子装置需要经常的维护，而且已经发生过多次故障。另有一套使用可再生的吸附剂的装置，用于排除二氧化碳。

俄罗斯“科学”号实验舱原计划于2011年发射，经过多次推迟后，目前计划于2014年3月发射。该实验舱将取代“码头”号对接舱对接到“星辰”号服务舱上。

8.2 天上的实验室

自国际空间站建设开始以来，空间站已经有10个舱室，分别以“曙光”“团结”“星辰”“命运”“寻求”“码头”“和谐”“宁静”“哥伦布”和“希望”命名。

“命运”号实验舱是美国在国际空间站上科学研究用载荷中的主要实验室，也是国际空间站天上的指挥和控制中心。2001年2月7日，美国“命运”号实验舱随“亚特兰蒂斯”号航天飞机升空。后部与“团结”号节点舱相连，前部同“和谐”号节点舱相连。

“命运”号实验舱价值14亿美元，是国际空间站中最昂贵的组件。它由美国波音公司制造，这个铝制的实验舱长9.3米，直径4.3米，重13.6吨，上有41.5万个零件，包含3个圆柱形的部分和2个带有可供航天员进出舱的装置的锥形部分。

在“命运”号实验舱的实验“货架”上，安放了8个名叫“商用生物实验装置”的箱子，每个箱子就像一个医院用的急救箱，重32千克，大小为51厘米×28厘米×46厘米，具有温度可控范围广（4~37 ℃）、配有数据和图像遥测系统可以实现遥控操作、放入不同容器可自动地进行多种生物实验（例如蛋白质结晶、昆虫行为、植物生长、卵的孵化、细胞培养等）等特点。在这个装置中进行第一项任务的优先权让位给了学生。美国宇航局针对不同年龄的学生，开设了不同的“太空生物课”。

要上一堂太空生物课可不像地面生物课那样简单，不仅要牵动很多人和单位，还要花费几年的备课时间，受教育者是成千上万的教师和学生。首先，在几年前就要根据教育目的和航天飞行条件，通过千挑万选确定一堂“太空生物课”的教学内容，将生物课的内容列入太空计划。然后，众多研制单位准备飞行中实验条件和设备，确定和培训地面教师和学生等工作。

“太空生物课”中的学生也不再是纯粹的受教育者，而是太空生物实验的主角，他们的年龄差异很大，从幼儿园的娃娃到高年级的学生都有权成为太空生物实验的“研究员”。在进行太空实验前，教师将自己在培训班中获得的知识传授给学生们，放映有关太空实验录像以增强他们的感官认识，并分发实验材料和教会他们如何进行实验。在根据他们的年龄为他们量身定制的“太空生物课”中，他们像真正的研究员一样，参与“太空生物课”实验的设计、操作，观察实验，进行结果分析和总结。每次“太空生物课”的内容和得到的结果，都会编写到今后太空教育的课本中，作为向更多学生传授航天知识的教学课本。

8.3 太空生物课

为了使学生们了解重力对植物生长的影响，在国际空间站“商用生物实验装置”中进行的第一项实验就是“国际空间站种子实验”。

“国际空间站种子实验”是专门为三年级小学生开设的，科学家希望通过这节课，使小学生了解在没有重力情况下植物生长的特点和过程，培养他们对生物研究的兴趣。这次上天的种子只有4粒：两粒萝卜籽，两粒苜蓿籽。为了减轻飞行中航天员的负担，工程师们为学生设计了一个可以不用航天员操作，自动地进行实验的巧妙装置。航天员的任务只是在航天飞机与国际空间站对接后，将发芽用的小容器实验装置转移到国际空间站的“商用生物实验装置”上。

种子是种植在一个被称为苗圃园的实验装置里，苗圃园有4个像玻璃管一样的小容器，容器的下半部分充满了供植物生长的植物凝胶。这些植物凝胶足以供给种子两个星期发芽和生长需要的水分和养分。植物凝胶的上方是4个倒挂的、称之为点播器的小圆锥，每个点播器上有两个洞，种子就藏在这个小洞里。正式实验前，小圆锥位于植物凝胶的上方，使种子处于干燥状态，不会发芽。在进行太空实验时，小圆锥下落，它的尖头穿透植物凝胶上面的覆盖膜，整个小圆锥落

图 8－2 女航天员桑德拉为孩子们上太空课

图 8－3 学生向国际空间站上的航天员提问

到植物凝胶里，种子获得水和养分一两天后就开始发芽了。

这个装置是通过小的发光二极管灯为植物提供生长需要的光源，装置里的小型摄像机将种子发芽和幼苗生长全过程拍摄下来，通过互联网将有关的实验数据和拍摄的图像发送给地面参加实验的学生们。学生们在地面的教室里进行同样的实验，但用的是一个装有植物凝胶的普通培养皿。学生们每天比较上天种子和教室中种子发芽的时间、茎和根生长的方向、茎和根长的长度，还将这些指标画成曲线图，这样就可以一目了然地看出上天种子和地面种子的差别，得出重力对它们有多大影响的结论。

在未来的星际飞行中，航天员将长期生活在太空，或生活在其他星球上，航天员不可能全部依赖“地球母亲”供给食品，他们必须自力更生地解决吃饭问题，必须在航天器或其他星球上种植植物和养殖动物来填饱自己的肚子。在这种情况下，带来的一个很大问题是太空辐射，太空辐射会不会引起种子的变异而影响植物的生长发育呢？利用国际空间站这个独特的环境，美国宇航局为学生们开设了一堂“太空环境对种子影响”的生物课实验。

实验是这样安排的：将兰花、马来西亚红檀木及花梨木树种带到国际空间站上，这些种子在太空暴露6个月，地面也准备了同样的种子作为对照组。当这些太空种子被送回地球后，进行了不同的分配：兰花种子与对照组的种子种在实验室中，而“上天”和地面对照组的马来西亚红檀木种子被分给马来西亚的学生，让他们种植，通过观察、分析地面种子和太空种子发芽、生长和对后代的影响，就可以了解6个月的太空环境对种子本身有何影响。

“太空生物课”的影响面十分广，例如，“太空生物课”加深了学生们对生物基础理论知识的理解，激发了他们对生物学研究的兴趣和能力。科学家们对学生实验的结果也十分感兴趣，学生们不仅自己学到更多的知识，而且也直接为太空生物学的研究做出了贡献。

8.4 太空线虫实验

说起线虫，人们的脑海中立即会浮起令人作呕的蛔虫和其他有害人体的线虫，但秀丽隐杆线虫例外，它是一种可以独立生存的线虫，既不靠寄生生活，也不会使其他生物致病。它们生活在土壤中，以微生物和腐烂的生物碎片为食，被称为“自由线虫”。这种线虫的个头很小，成虫长仅1.5毫米，只有在显微镜下，才能清楚地看清它的“庐山真面目”。

正如它的名字一样，秀丽隐杆线虫（图8－4）是一种名副其实的美丽生物：它通体透明，对称的身体犹如少女般纤细柔滑，在显微镜下宛如春风杨柳般地轻轻摆动；身体中充满体液，可以一览无余地看到每一块肌肉的收缩与松弛，并隐隐地散发出梦幻般的光芒；观察它进食时，可以清楚地看到细菌被一口吞下后通过整个消化系统的过程，就像在看舞台上鲜活的戏剧。秀丽隐杆线虫因其寿命周

图 8-4 美丽的秀丽隐杆线虫

期短、廉价易培养、子代数目多、细胞数目简单、遗传背景清楚等优点成为实验研究的优秀“模特儿”，也成为太空实验的“宠儿”，曾多次上天，为航天医学研究做出贡献。国际空间站上天后，它们又被“看中”，作为“太空生物学”教学实验的“模特儿”。

在国际空间站第 14 宇航组和 15 宇航组驻守国际空间站期间，实现了这堂生物课教学。实验使用了两种类型的秀丽隐杆线虫，第一种是在自然环境下生长的野生型线虫，利用它们进行微重力对线虫生长发育和后代影响的研究；第二种是均衡型线虫，这种类型的线虫可以出现突变，但不会出现致死性突变，主要研究太空辐射对它们的影响。每种线虫都分成两组：地面对照组和太空实验组，比较两组的差别就可以了解太空微重力和辐射的影响。

太空的两种线虫先放在一个有培养基和无菌的气体交换容器中，然后放到“命运”号实验舱里的商用生物实验装置中。为了保证它们可以持续地繁衍，一个月左右这个装置会自动地将它们转移到新的居所。太空线虫的生长情况，被装置中的摄像机拍摄下来，通过互联网及时地传给地面的学生。在进行太空实验的同一天，地面的学生也开始进行对照组实验。学生们仔细观察和记录了这两组线虫的生长过程和繁殖后代的情况，比较两组的不同，就可以了解太空生长环境对线虫的影响。

秀丽隐杆线虫是个“短命”的动物，在实验室 20 ℃的条件下，仅能活 2 ~ 3 周，从出生到性成熟仅 3 天半，在国际空间站 6 个月的飞行中就繁殖了 20 代，因此很适合进行太空飞行对动物后代影响的研究。学生们比较的结果是太空飞行组和地面对照组差别不大，得出的初步看法是 6 个月的飞行对秀丽隐杆线虫生长发育和后代影响不大，但还需要进一步细致研究和观察更长时间飞行的影响，才能得出准确的结论。

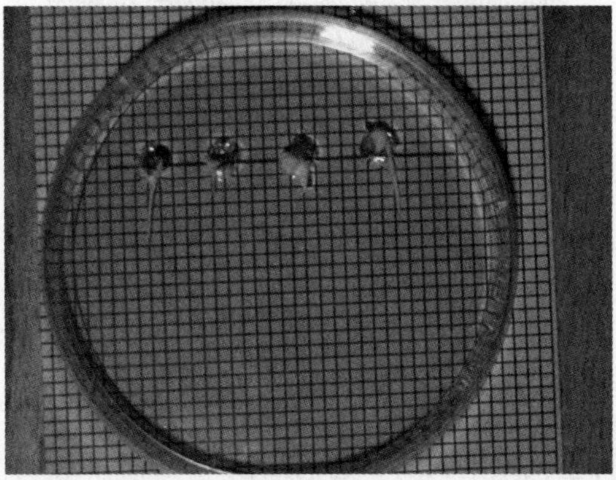

图 8 – 5　学生实验用的培养皿

这项实验的教学对象是六年级至九年级的中学生，有 5 000 多名美国六年级至九年级的中学生和几千名马来西亚的学生参与实验，实验情况最终被编成青少年航天教育的课本，影响了更多的学生。

8.5　太空小菜园

对于航天员来说，在太空种菜是一项令人开心的任务。2002 年国际空间站在做一项小麦的光合作用实验时，那个只有手提箱大小的“菜园”成了航天员最钟爱的地方。

国际空间站上的菜园模拟地球上的温室，面积不大，每个育苗区比一本练习本还要小一点。所以科学家会尽量选择株体小、生存能力强、营养丰富的植物进行种植实验。拟南芥是空间站小菜园的常客。它高 7 ~ 40 厘米，生长迅速，从发芽到开花不超过6周；结子多，每株都能产生很多粒种子；生存能力强，用普通培养基就可以人工培养。豌豆也是航天员喜欢种植的植物。到2004年，国际空间站上种的豌豆已经算是土生土长的太空豌豆了，因为那些豆子是在太空中生长的第三代了。

大麦也是一种比较适合在太空生长的植物。大麦对生长环境要求很低，而且富含纤维和营养，因此很适合太空培育。2008年8月25日，国际空间站的俄罗斯航天员谢尔盖·沃尔科夫和奥列格·科诺年科收获了数月前种下的大麦。这是空间站航天员第二次收获大麦，第一次是在2006年。这些大麦种子被放进特制容器中，在 -80 ℃环境中保存，然后由航天飞机带回地球，供俄罗斯、美国和日本专家研究。1999年，俄罗斯的“和平”号空间站上就成功地种出了第一批太空小麦。

为了成功种出菜，科学家专门为空间站设计了一种完全密闭的植物生长舱，舱内的温度、湿度、光照、大气和营养成分都可以根据需要进行控制。由于在失重情况下水珠会到处乱飞到墙上和叶子上，科学家设计了一套多孔管道系统为植物输送水分和营养，同时向植物根部输送氧气。

在太空中没有了重力，植物会不会散乱生长？美国科学家发现，苔藓类植物并没有乱长一气，而是长成了一种很有规律的螺旋形。普通的角龄藓是一种相对低级的植物，其末端细胞会受到地球重力的影响，在黑暗的环境中，不受光线影响的它们会一直向上生长。科学家们原以为，在没有重力的外太空，苔藓应该毫无阻力地四处生长。但结果并非如此，在1997年和2003年先后两次进行的太空实验中，角龄藓都长成了螺旋形。因此可以说，重力掩盖了苔藓的自主生长模式，这种模式只有在重力消失的情况下才能显现出来。

8.6 “哥伦布”的太空之旅

“哥伦布”实验舱是继美国“命运”号之后的第二个国际空间站实验舱，它由欧洲10个国家的40家公司共同参与制造。实验舱以“哥伦布”命名是为了纪念这位横跨大西洋的欧洲探险家，欧洲开发这一实验舱已经有20多年的历史。

2008 年 2 月 7 日美国宇航局的“亚特兰蒂斯”号航天飞机携带欧洲的“哥伦布”实验舱发射升空成功。发射时，欧洲空间局 750 多名成员和支持者赶到了肯尼迪航天中心打算向太空舱道别。欧洲空间局空间站项目经理阿伦－斯科特勒说：“‘哥伦布’是我们的基石，我们的婴儿，我们的太空舱，我们的实验室，也将是我们明天的实验室，虽不见得配套完善，但它是我们工作的起点。欧洲必须是高科技的大陆。”

经过近 8 小时的太空行走，航天飞机上的两名航天员 11 日成功地将欧洲“哥伦布”实验舱安置到国际空间站上。“哥伦布”实验舱长约 7 米，宽 4.5 米，重达 13 吨，可承载 3 名航天员。实验舱装备有多种实验设备，能够进行生物技术、机械运转、微重力环境研究等方面的实验，使用寿命至少 10 年。欧洲空间局在德国慕尼黑附近新建了一个控制中心，以监视“哥伦布”实验舱的工作和实验进展。

“哥伦布”和自动运输飞行器货运飞船是欧洲空间局对国际空间站的最大贡献。“哥伦布”舱是欧洲载人航天飞行计划的关键所在。“哥伦布”上天前，欧洲空间局已经在国际空间站上花费了 50 亿欧元，到 2015 年有望共投入 90 亿欧元。欧洲空间局 17 个成员国的 10 个国家已经为这一投资做出了贡献。作为建设国际空间站其他太空舱和部件的回报，欧洲每隔几年便可送自己的航天员在空间站上进行 6 个月的探测任务。

8.7 日本的“希望”舱

在国际空间站上，美国、俄罗斯、欧洲、加拿大和日本都有自己的“固定资产”。2008 年 10 月以后，日本的实验舱“希望”号成为国际空间站最大的实验室。

价值 10 亿美元的日本“希望”号实验室的大门于 2008 年 10 月 4 日打开。日本航天员星出彰彦说：“这对日本人来说是个重要时刻，让这个模块进入空间站用了 20 年的时间。”之后他进入实验室做出了欢迎的手势。“虽然看起来空荡荡，但它充满梦想。”

日本“希望”号实验舱建设计划始于1985年。“哥伦比亚”号航天飞机事故后，国际空间站建设延后，“希望”号一直在美国等待发射。“希望”号实验舱包含加压舱、暴露设施、后勤舱和遥控机械臂等四部分。其中，加压舱是日本实验舱的核心模组，外形是一个长11.2米、外径4.4米、内径4.2米的圆筒形设备，里面包含10个国际标准组件挂架。暴露设施又被称为“平台”，位于加压舱锥体左舷气密舱外侧，装设在此的各种实验被直接暴露在太空环境里。后勤舱主要作为储藏室和移动物品使用。装在加压舱锥体左舷的遥控机械手臂，主要用来服务平台和移动物件到后勤舱。整个实验舱分成三部分运送至国际空间站。

2008年3月11日，首个组件——后勤舱搭乘“奋进”号航天飞机前往太空。该舱长4.2米，直径为4.4米，重达4.2吨，里面装有8台实验设备。这让整个日本沸腾起来。执行任务的土井隆雄用日语表示，“这是日本新的宇宙时代的开幕”，之后，他又用英语说，对于日本来说，这标志着“日本打开了宇宙开发的新大门”。作为日本第一个空间轨道载人设施，“希望”号实验舱升空在日本国内一直广受关注，甚至有人宣称，这标志着“日本在太空有了一块飞地”。在天地对话时，福田康夫曾和天上的日本航天员土井隆雄开玩笑说：“空间站距离地面不过400千米，还不如东京和大阪的距离远，或许将来新干线可以连接地球和空间站，希望此次你的工作能为今后实现这一目标做准备。”

加压舱于2008年6月搭乘“发现”号航天飞机前往空间站，它的安装工作由另一名日本航天员星出彰彦完成。长11.2米、重15.9吨、带有远程控制机械手臂的加压舱是实验舱的主体。加压舱大小有如一辆巴士，里面有9个隔间，最多能容纳4人生活和工作，拥有流体物理实验装置、溶液和蛋白质结晶生成装置、细胞培养装置、X射线监视装置等约20种实验设备，供科学家利用太空的种种特殊条件进行科学研究。

第三阶段，也就是“希望”号最后的组成部分——平台于2009年春天安装完毕。

“希望”号实验舱主要研究项目为太空微重力，另外还将关注医药、生物、生物技术和通信等领域。“希望”号开展的实验将有助于进一步推动月球和火星探测工程，专家希望它能开启探寻太空深处奥秘的新篇章。

8.8 阿尔法磁谱仪

位于瑞士与法国边境的欧洲核子研究中心 2012 年 7 月 25 日迎来了一批特殊的客人。航天飞机的 6 名航天员与著名华裔物理学家丁肇中教授率领的阿尔法磁谱仪项目中心的科学家们聚集一堂，共同纪念阿尔法磁谱仪太空运行一周年。

航天员们特意穿上了天蓝色的制服，引来摄像摄影记者把镜头一次次对准他们。随后，6 位航天员在丁肇中教授陪同下，在实验室旁边的树林中植树纪念。

2011 年 5 月 16 日，阿尔法磁谱仪 2 号（图 8-6）随"奋进"号航天飞机升空。作为一个由 16 个国家和地区科学家组成团队的一分子，中国科学家也为磁谱仪倾注了大量心血。参与磁谱仪项目的中国大陆科研团队主要有 8 个，分别为中国科学院电工所、中国运载火箭技术研究院、山东大学、东南大学、中山大学、上海交通大学杨煜普小组、中国科学院高能所以及航空科学与技术国家实验室；来自中国台湾的团队主要有"中央研究院"、中山科学院等。他们的贡献各不相同，但都必不可少。

图 8-6 阿尔法磁谱仪 2 号

中国科学院电工所研制成功了磁谱仪的核心部件——磁体系统。该磁体具有对高能粒子吸收作用小的特点，实现磁体与地磁无相互作用的力矩，极大地降低了对空间飞行器的影响，解决了几十年来不能将较强磁场磁体送入外层空间运行的世界技术难题。

中国运载火箭技术研究院承担了磁谱仪量能器结构的研制工作，并在磁谱仪探测器的建造过程中发挥了重要作用。该院设计的磁体主结构在1998年曾搭乘航天飞机进行了为期10天的空间工作，在地面存放10多年后仍保持良好的性能，并继续用作阿尔法磁谱仪2号的磁体主结构。

磁谱仪对热环境的要求极其苛刻，各探测器的性能也与温度有关，热系统的研制水平及质量直接决定着磁谱仪的工作状态、运行寿命及实验可靠性。在热系统的研究和设计过程中，山东大学团队提出了不同结构形式的散热元件，保证了系统的高效散热及温度场的均匀和稳定，解决了磁谱仪在国际空间站运行的关键问题。

东南大学在项目中主要承担了3项任务——建立磁谱仪实验系统、反物质探测系统和地面数据处理系统。

中国台湾的中山科学院也完成了“不可能的任务”——为项目设计出了运行速度比美国宇航局现行系统快10倍的电子控制系统。

…………

磁谱仪是当今最先进的空间探测项目，参与这一项目可以学习很多技术和经验，丁肇中教授通过有序组织这么一个复杂的、高精尖的大型国际项目，为中国科学家跟国际顶级专家同台竞技搭建了桥梁。通过参与磁谱仪项目，中国科学界增长了知识，积累了经验，提高了水平，锻炼了队伍，为今后在相关领域进一步发展奠定了基础。

8.9 美籍华裔航天员

焦立中，这位4次遨游太空的美籍华裔航天员，虽然生长在美国，但对中国却怀有深厚的感情，连他在太空的代号都叫“山东”。

1994年7月，焦立中把一面五星红旗带上太空，返回地面后写了一封热情洋溢的信说：“我非常自豪地带它经历了一次太空飞行，我作为一名中国血统的美国宇航局的航天员向中国人民表示敬意。”2003 年 10 月中国成功发射“神舟”五号载人飞船后，他在接受记者采访时说：“中国首位航天员杨利伟升空并安全返回，是一个伟大的里程碑，每位炎黄子孙都应为此感到骄傲。”

焦立中 1960 年 8 月 28 日在美国威斯康星州密尔沃基市出生。8 岁萌发上天梦，1989 年 1 月从 2 500 名候选人中被录取为美国宇航局 23 名航天员之一。焦立中认为，如果你有梦想，就为之努力，无论年龄，最重要的是保持着它。他后来说：“航天员的生活充满成就感，也很浪漫，但与此同时，也要承受与常人不同的压力。航天员需要天赋和持之以恒的努力，缺一不可。”

2004 年 10 月 14 日，焦立中开始他的第 4 次太空飞行。美国航天飞机因“哥伦比亚”号太空解体后尚未恢复飞行，作为第 10 宇航组指令长，焦立中改乘俄罗斯的“联盟”TMA－5 号飞船飞赴国际空间站执行任务。在这次长期太空飞行中，焦立中完成了两次太空行走。

2005 年 1 月 26 日，焦立中第一次穿上俄制“奥兰”－M 航天服，飘浮到敞开的太空，不禁对久违的太空喊到：“你好，太空！我的老朋友!”他和俄罗斯航天员沙里波夫首先飘到“星辰”号服务舱，在舱外安装了一个德国制造的 50 厘米长的机械臂，检查了空间站氧气发生器使用的排气通风口、空气净化器和污染过滤器。然后，他们又返回到“码头”号对接舱外，安装了 3 个盛放各种菌类试验用的盒子，还安装了一个俄罗斯的“生物风险”装置，以测试太阳辐射和太阳活动对简单有机生物的影响。这次太空行走用了近 5 个半小时。

2005 年 3 月 28 日，焦立中走出空间站的“码头”号对接舱开始第二次太空行走。他和沙里波夫在空间站外安装了 3 根无线天线和 1 个卫星定位天线装置，还向太空投放了俄罗斯制造的一颗 5 千克重的“南诺萨特”试验性微型卫星。在这次飞行中，最难得的是焦立中拍摄到中国长城、北京和他老家山东半岛比较清晰的照片。在 2005 年春节前，焦立中还在太空制作了一盘录像带，2 月 7 日传到中国驻美国休斯敦总领馆的春节招待会上播放，向全球华人祝贺春节快乐。

焦立中的太空情结挥之不去。他从太空归来描述自己的感受说：“在太空俯视地球时，发现自己从来不知道地球如此美丽。我们的地球无时无刻都在经历战争，一些人还在忍饥挨饿，一些人正在慢慢死去，但在太空中，这一切都不会看

图 8－7 焦立中准备出舱

图 8－8 焦立中身穿俄罗斯航天服太空行走

到。它令我不禁思索生活的意义，什么是最重要的。这种经历令我看待事物时开阔了许多，不再为一些琐事烦恼。”

根据1992年中国正式提出的载人航天三步走计划，我们已经完成第一步的载人飞船实验。第二步是完成载人飞船和空间飞行器对接，并建立临时有人照料的空间实验室，这项工作随着“天宫一号”的发射正在展开。第三步，建造载人空间站，解决有较大规模的、长期有人照料的空间应用问题。国际空间站将在2020年退役，中国未来空间站却计划于2020年左右建成，这一时间上的巧合为中国空间科学发展带来了契机。

9　享受太空

太空是个充满魅力的神奇世界，在太空的生活更是个充满魅力、令人好奇的神奇话题。太空环境与地球环境大不相同，那里没有空气，没有重力，充满危险的太空辐射。如果用地球上的方式去太空生活，那肯定会闹出很多大笑话。要享受太空生活，并不是一件容易的事情。

9.1　航天技术回人间

航天技术的实际应用有些时候是显而易见的，但有些时候其全部用途和效益是当初始料不及的。航天产品与服务及其相关的航天技术二次应用已渗透到日常生活的方方面面，人们越来越觉得这些理所当然，甚至常常并不去想航天在其中所发挥的作用。

例如，现代汽车设计所使用的风洞技术就源自于航天飞机和火箭的研制技术；低碳经济时代广为应用的太阳能电池板和燃料电池最早都是为了研制卫星和飞船等航天器而研发的，甚至连尿不湿、果汁等日常用品都是为了解决航天员的生活问题而开发的。

阿波罗登月计划几乎带动了美国足足 20 年时间内全部的科技发展。如今的太阳眼镜技术便是源自于航天员的头盔。比如：在美国享有“运动鞋中的劳斯莱斯”美誉的索康尼品牌跑步鞋，它采用了登月靴中的技术——能够同时提供缓震和稳定功能的中底技术系统，可以提高运动鞋的稳定与缓震性能，能够极大地帮助跑步者获得最佳的保护和运动效果。

美国阿波罗计划完成后，有人做了统计，整个工程产生了 3 000 多项专项专

图9－1　“尿不湿”也来自载人航天技术

利，全面地带动了20世纪六七十年代科学技术的发展，最后也算了一笔账，每投入1美元，有4～5美元的产出，所以阿波罗计划是一个赚钱的工程。

2007年9月17日，时任美国宇航局局长的迈克尔·格里芬在华盛顿发表旨在纪念宇航局成立50周年的演讲时说，“太空经济”时代已经到来，美国宇航局所主导的太空活动开创了新的市场空间和新的经济增长点，技术创新将成为“太空经济”持续发展的动力。他说，太空经济既包括卫星通信，如无线电通信和卫星电视、远程医疗，点对点的全球导航，天气预报与气候监测，保障国家安全的太空资产等，也包括刚刚出现的太空旅游以及发展中的太空后勤服务，后者可以使商业性的太空旅游成为一个可盈利的商业形态。

航天技术相关应用正在经历十分活跃的商业增长。低成本GPS（全球定位系统）设备和新型地理参考应用软件已安装到汽车、电话、家庭和企业内。供商业和政府部门使用的陆地成像业务已改变了人们旅行和打发闲暇时光的方式，并使我们能极为细致地了解城市和乡村景观。

随着新技术、创新商业模式与创意经济的融合，不断有高增长性、强融合性的创新应用出现，正如美国航天基金会所做的预测那样，私营企业在商业航天领域大有可为。2009年1月，谷歌公司公布了利用卫星数据制作的奥巴马总统就职典礼图像。地眼公司的图像从上方显示了聚集在国家广场上的人群，可通过互联网实时查看。技术的融合几乎每天都在为航天及其用户带来新的产品和服务，这样的事例不胜枚举。

9.2 太空耳塞

人们在仰望太空的时候，总是认为太空远离尘世喧嚣，航天员身在太空中生活应该是安详和宁静的。然而事实并未如此，航天员在太空中深受噪声的困扰，必须佩戴特殊的防护耳塞。

2008年，在中国国际高新技术成果交易会中国航天科技集团展台上，展出了一个手掌大小的黑色盒子，上面印着一幅航天员在太空中行走的简易图案，图案旁印着“神舟”五号防护耳塞几个字。打开盒子，两个黄色的航空防护耳塞静躺在里面。耳塞看上去并没有特殊之处，像一枚小蘑菇，蘑菇柄稍长一些，摸上去软软的。

航天飞行噪声被称为航天员的“隐形杀手”，是难以解决的世界性难题。而此防护耳塞，是中国航天员科研训练中心根据人体耳朵的生理结构特别设计的耳塞，不仅能够降低噪声还能保留语言的独特功效。这种防护耳塞能自动调节耳内气压变化，有效消除、缓解因航天器飞行噪声引起的耳朵疼痛与不适。航天员戴上这种耳塞，能与耳道自动吻合，没有压迫感，不仅可以有效降低噪声，而且不影响航天员通过通信帽与地面进行通话。此外，此耳塞还具有独特的抗压性能，潜水者潜至水下10米无不适感。航天员在深达8米的水槽模拟失重训练和出舱活动任务训练时都是佩戴的该耳塞。

此种防护耳塞是首次“军品转民用”的航天产品，可以抗压、降噪、消除疲劳，对于执勤中的交警，公路、铁路、大型娱乐场所周围的居民，以及电厂、纺织企业、钢铁厂等噪声较大的地方，有广泛的应用前途。

9.3 从此不掉线

从火箭发射升空直到载着3名航天员的飞船返回舱回归祖国，所有这一切，都要在测控通信系统的全程保障下来实现。

通信卫星轨道离地很高，天线波束能覆盖地球广大面积，且电波传播不受地形限制，能实现地面远距离通信。卫星装有由接收和发射设备组成的转发器，将收到的信号经放大、移频后发射给地面；轨道高度和倾角可有多种，但常用的是对地静止轨道；如果用3～4颗对地静止轨道上的通信卫星组网，可以实现全球的实时通信。

美国是最早使用卫星进行通信的国家。1958年12月，美国利用斯科尔卫星进行录音带音响传输。1964年美国和日本就将辛康3号卫星直接送入国际日期变更线附近的赤道上空，使之成为第一颗真正的静止通信卫星，并利用这颗卫星成功地转播了东京奥运会的实况。1965年4月，美国把“晨鸟”卫星送到大西洋上空的地球同步轨道上，它可开通240路电话，几乎代替了大西洋海底电缆，并能24小时连续工作。从此卫星通信进入了实用阶段。

中国的卫星通信开始于1984年发射的东方红二号通信卫星，用于部分电视、广播及通信的传输。到今天已经经历了东方红二号、东方红三号和东方红四号等三代，最新的通信卫星鑫诺六号的设计寿命为15年，装载有24个C频段转发器、8个Ku频段转发器和1个S频段转发器，卫星波束可覆盖包括中国全境的亚太地区及部分周边国家和地区，也是继鑫诺三号、中星6B之后又一颗能够充分满足中国广播电视信息传输安全要求的卫星。自2007年的尼日利亚一号卫星以来，中国的通信卫星还陆续出口到了国外，代表中国的通信卫星已经进入国际主流的行列。

通信卫星还可以用来实现移动通信功能，这在地面通信受到灾害等干扰时显得非常重要，例如在中国汶川大地震中，地面电话线路被切断，普通移动电话基站被毁，这时卫星电话就起到了非常重要的通信作用。卫星通信系统目前有实现全球覆盖的移动卫星通信海事卫星通信系统、全球覆盖的低轨道移动通信卫星“铱星”和全球星系统等。

我们早已视为生活的一部分的互联网，也逐步引入了卫星通信，目前有三家网络可以让用户通过笔记本大小的终端连接上带宽为60～512千字节（kb）的卫星互联网。

图 9－2 蒙古包外的卫星接收天线

图 9－3 英国电视直播卫星

9.4 你能想到吗

卫星导航已经成为当代人熟悉的航天技术应用，从飞机起降、谷歌地图、车载 GPS 导航仪到精确制导的导弹，无一不和卫星导航有关。“它仅限于你的想象。”有人如此形容卫星导航的用途。

美国的 GPS 几乎成了全球定位系统这个概念的代名词，GPS 占了全球导航应用市场 95% 的份额。GPS 系统是美国历经 20 年耗资超过 300 亿美元建立的全球卫星定位系统，目前共有 30 颗、4 种型号的导航卫星。该系统卫星轨道高度 2 万千米，能使地球上任何地方的用户在任何时候都能看到至少 4 颗卫星，是一个全天候、实时性的导航定位系统，也是目前世界上应用最广泛、技术最成熟的导航定位系统。

世界上现有的卫星导航定位系统除了 GPS 外，还有俄罗斯的格洛纳斯系统、欧洲伽利略系统和中国北斗系统。在这几个系统中，俄罗斯格洛纳斯系统已于 2011 年建成，由 24 颗卫星组成，尽管其定位精度比 GPS、伽利略系统略低，但其抗干扰能力却是最强的。伽利略系统和北斗系统尚在建设中。

伽利略定位系统是欧盟一个正在建造中的卫星定位系统，有“欧洲版 GPS”之称。伽利略定位系统预计总共发射 30 颗卫星，其中 27 颗卫星为工作卫星，3 颗为候补卫星。卫星轨道高度约 2.4 万千米，其精度将比 GPS 更高。美国 GPS 向别国提供的卫星信号，只能发现地面大约 10 米长的物体，而伽利略的卫星则能发现 1 米长的目标。形象地说，GPS 系统只能找到街道，而伽利略则可找到家门。伽利略系统预计在 2014 年初投入运营。

北斗卫星导航系统是中国正在实施的自主发展、独立运行的全球卫星导航系统。2012 年年底，中国建成了覆盖中国及其周边地区的北斗区域导航系统。北斗卫星导航系统由空间段、地面段和用户段三部分组成，预计由 30 颗以上卫星组成。与美国 GPS 系统、俄罗斯格洛纳斯系统、欧洲伽利略系统相比，把短信和导航结合是中国北斗卫星导航系统的独特发明。一般来讲，世界上其他的全球卫星导航系统只是告诉用户什么时间、在什么地方，而北斗系统除此之外还可以将

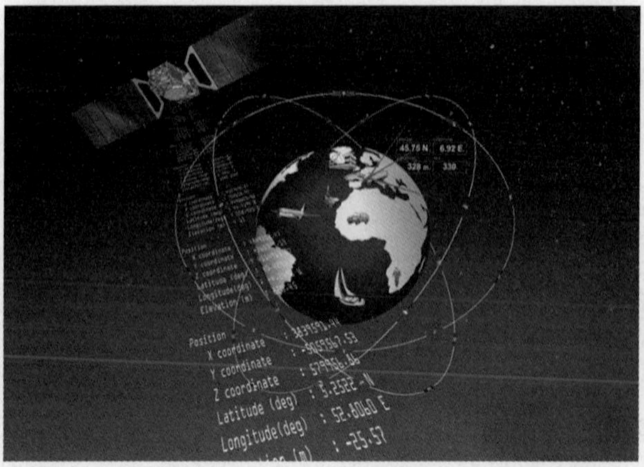

图 9-4 伽利略导航卫星应用示意图

图 9-5 北斗卫星导航系统应用

用户的位置信息发送出去，使用户想告知的其他人获知用户的情况。

此外，日本也在致力于发展自己的卫星导航“准天顶”计划，这是一个兼具导航定位、移动通信和广播功能的卫星系统，旨在为在日本上空运行的美国 GPS 卫星提供“辅助增强”功能，提高导航定位信号接收的质量和精度。不过日本现在不仅仅满足于辅助的作用，打算将“准天顶”发展成一个独立的导航定位系统。另外，印度的区域导航系统计划已经开始发射组网。

9.5 远方的病人不用怕

远程医疗是通过远程通信系统为交通不便的偏远地区或缺乏医疗设施的地区的患者提供医疗保健服务的一种方式。

远程医疗技术是远程通信技术、计算机技术和医学技术的综合。它是随着载人航天计划的发展而发展起来的，是载人航天飞行计划成功的一项关键技术，也是为航天计划提供卫生保健服务的体系的重要组成。自载人航天开始以来，美国、俄罗斯均在开展载人航天计划之初，就开始利用遥测技术监测和管理航天飞行对飞行乘组人员的生理及医疗保健的影响。在美苏航天飞机与“和平”号空间站联合飞行计划中，逐渐形成了后来用于国际空间站计划的“最佳医疗实践”。

美国是开展远程医疗研究最早的国家，在远程医疗早期的研究中，美国宇航局起了积极的推动作用。20 世纪 60 年代初，人类开始太空飞行。为调查失重状态下航天员的健康及生理状况，美国宇航局在亚利桑那州建立了远程医学试验平台，专门用于监测在太空中执行任务的航天员的各种生命体征，发送生理数据，并为他们提供远程医疗服务，其通信手段主要是卫星和微波技术，传递包括心电图和 X 光片在内的医学信息。

经过 50 多年的发展，美国宇航局是被公认的远程医疗技术发展的领头羊。目前，美国宇航局约翰逊航天中心通过全球范围内的密切合作，不仅在研究支持国际空间站计划的技术，同时也在研究保障未来行星际探索如火星计划的新兴医疗系统和技术手段。美国宇航局很多部门都在研究远程医疗技术和应用。美国宇航局的远程医疗技术已通过许多应用为地球上的人提供卫生保健服务，尤其是在救灾方面的应用显示了它的实用性和先进性。最近十年，俄罗斯也建立一个结构完善的、广泛的国家远程医疗网和综合联邦远程医疗体系。

远程医疗是指医学专家利用通信、传感、多媒体、远程控制等技术实现异地疾病诊断、治疗、健康护理、远程教学与指导等多种医学活动的医疗模式。随着现代微电子学、通信技术、计算机与网络技术，以及医学数字影像设备如 CT、MRI 等的迅速发展，远程医疗技术日趋完善。特别是，近年来医学影像存档与通

图 9－6　远程医疗示意图

图 9－7　工作人员帮航天员整理生命保障系统

信系统的逐步实施，实现了医学影像全数字化采集、存储、处理与传输，为今后普及远程医疗奠定了基础。

9.6　地震之后

2008 年 5 月 12 日 14 时 28 分，四川省汶川县境内发生 8.0 级地震，震惊世界。在这次几乎撼动了整个亚洲的地震中，黑水和汶川、理县、北川等 7 个县不仅遭受了惨重损失，其对外通信也完全中断，瞬间成为中国地图上的 7 个信息孤岛。

5 月 13 日，中国卫星通信技术员工杨雷、张振华携带 10 部卫星电话从成都出发经都江堰赶往汶川地震中心映秀镇。在经过 7 个多小时的长途跋涉后，他们在 21 时 06 分拨通了成都指挥中心的卫星电话，这也是从映秀镇打出的第一个电话。相比之下，5 月 18 日 17 时 28 分，黑水县干线光缆在连续奋战之下被艰难打通，7 个重灾县对外移动通信就此全部畅通。是时，距离地震发生已 147 个小时。相比 72 小时的救灾黄金时间，“147” 这个数字却依然在沉重地拷问着中国的应急通信系统。

“将来在传输手段上应该采用天地合一的方法，至少保证一旦灾害发生以后，能够在第一时间把灾情传出去，能够把老百姓关注的信息传出去。”工业和信息化部副部长奚国华面对记者采访时说。

灾区通信中断，地面交通瘫痪，灾情信息无法获知，及时准确掌握灾情并进行有效救治非常困难，航天技术在抗震救灾中发挥了重要作用，并形成了多样化的应用局面。

汶川地震后，我国各种军用和民用卫星在地震后数分钟启动应急预案，千方百计收集不同传感器、不同分辨率、不同时相的灾区遥感数据和相关地理空间信息，并及时提出灾情分析报告，迅速将地震灾区的重要信息汇集到抗震救灾指挥部，为各级抗震救灾部门提供了重要的决策支持。

在抗震救灾工作中，遥感技术配合卫星通信和导航定位技术，直接支持抢险救援和次生灾害防治等工作。遥感工作者及时提供了灾区城镇和主要居民地的遥感数据和分析信息，对于房屋倒损、人口受损，道路、桥梁、电站等重要公共设施损毁情况进行了快速遥感动态监测和评价，为了解灾情、部署救援行动提供了重要信息。通过遥感影像有效开展了地震灾害引发的堰塞湖、滑坡、塌陷等次生灾害的动态监测，如配合堰塞坝疏导工程，开展堰塞湖监测，分析堰塞湖动态变化。

同时，为及时全面掌握灾情、快速评估灾情及发展态势，国家相关部门按照“空间与重大灾害国际宪章”启动相应国际减灾合作机制，获得欧洲空间局环境卫星、日本雷达卫星、美国陆地卫星7号、加拿大雷达卫星、法国“斯波特”5号资源卫星、印度测绘卫星、意大利雷达卫星等数据，充分利用国外合作机制获取卫星数据开展地震灾情监测与评估工作。

9.7 流感特效药

2011年7月，日本科技厅宣称，“万能流感药”研究计划正式启动。该计划是在横滨市立大学科学家朴三用的领导下，让航天员在国际空间站的日本“希望”号实验舱内进行蛋白质结晶生成实验，以研制可能对所有流感都有效的“万能流感药”。

对流感病毒在人体内繁殖起重要作用的蛋白质名为RNA聚合酶蛋白，对它的高品质结晶进行研究，科学家就能找到抑制这种蛋白质的药物或方法，从而抑制病毒。

甲型H1N1流感和H5N1型高致病性禽流感等流感类型都是根据病毒表面的蛋白质种类来决定的。由于表面蛋白质频繁发生变异，所以根据不同类型病毒研制的疫苗和治疗药物往往对新型流感病毒无效。RNA聚合酶蛋白具有不容易发生变异的特性，如果找到能够阻碍这种蛋白质活动的药物，今后无论出现何种类型流感，都能够有效抑制病毒的繁殖。在太空不会发生溶液的对流和沉淀现象，可以获得杂质和缺陷较少的优质结晶。或许不久的将来，“宇宙制造”的RNA聚合酶蛋白结晶能够帮助人类远离流感的威胁。

太空生物制药是航天科技与现代生物制药技术结合的一门高新技术，将生物制药菌种或细胞送入太空，在地面难以模拟的太空环境下，促进菌种或细胞的生长和变异，取得地面上无法获得的诱变效果，并且在返回地面后进行培育、筛选得到生产性能优良的微生物菌种或细胞，形成规模化生产。

在地球上由于受重力作用以及微生物、有害气体、尘埃的影响，难以生产出高纯度的药物。太空却是一个无菌、高洁净、微重力的世界，在那里，可以进行一些特效药物的生产和提纯。利用电波法在太空制造同一药物，其纯度比在地面上高10倍以上。有资料表明，在同样设备的情况下，太空制药一个月的产量，

图 9-8 “神舟”二号、“神舟”三号飞船上的空间蛋白质结晶装置

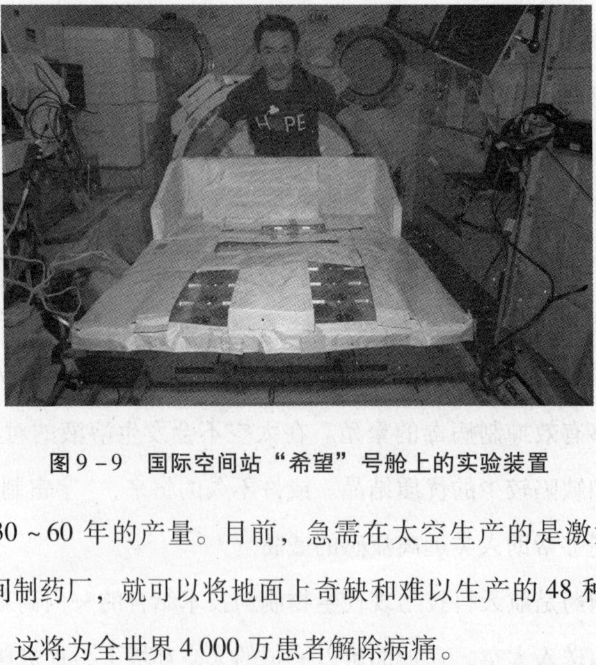

图 9-9 国际空间站“希望”号舱上的实验装置

相当于地球上 30～60 年的产量。目前，急需在太空生产的是激素一类的药物，一旦建成了空间制药厂，就可以将地面上奇缺和难以生产的 48 种激素移到空间进行批量生产，这将为全世界 4 000 万患者解除病痛。

美国科学家发现，人体内有一种抑制细胞发生癌变的基因 P53，这种基因在人体内生长速度较为缓慢，而一旦进入太空，其增长速度将是在地球上的 5 倍以上。因此，医学家建议，让患者到太空治疗能收到最理想的效果。

太空还有利于人类许多疑难顽症的治疗。例如，地球上严重烫伤烧伤的患者植皮后，由于与床接触的部分皮肤血循环不充分，极难治愈。但如果处于失重的状态，患者便能悬浮于空中，为治疗带来极大方便。再如骨折、腰部挫伤等，在太空失重的环境下不用石膏绑扎便能痊愈。在太空中医治心脏病更为方便，由于血液失重可减少心脏的负担，患者不用医治，仅靠自身的恢复能力就能自然痊愈。

从国际上看，随着空间科学技术的发展，太空制药的前景也日趋明朗，是一个孕育着辉煌和蓬勃生机的朝阳产业。据美国麦肯锡全球研究所的调查，5 年后全球太空生物制药收入将高达 3 000 亿美元。

9.8 太空育种

太空农业是继地球农业、海洋农业以后，以航天技术为基础，开发利用太空环境资源而开辟的一个崭新的农业领域。经专家研究分析，经过太空中超真空、微重力及宇宙射线等地面不可模拟的环境变化，种子就会发生变异，这样的种子再经过培育，最终形成的新品种具有优于原来品种的许多地方。

我国利用返回式卫星和“神舟”号飞船育种搭载试验的品种共有近 1 200 个，许多品种已经广泛推广，产生了良好的经济效益，可口的太空茄子、黄瓜、番茄已经摆上寻常百姓的餐桌。试验品种包括粮食作物、油料作物、蔬菜、花卉、草类、菌类、经济昆虫等，其中粮油作物占 47%，蔬菜作物占 18%，其余为草类、花卉、菌类等品种。

图 9－10　利用曾搭乘“神舟”七号飞船后培育出的种子种出来的茄子

有幸搭乘卫星或飞船遨游太空的种子，经受空间环境的影响返回地面后，再经过专家对其进行培育、研究、筛选，育成了一批高产、优质、多抗的粮食作物、蔬菜作物、经济作物、观赏植物与药用植物的新品系、新品种。用它们生产的农产品，不仅高产、优质、早熟，而且口感好。例如“87-2 甜椒”，单个重量可达 300~400 克，产量超过普通青椒的 25%~30%，同时，病情指数下降 55%，维生素 C 含量大大提高，口感好，耐储存；“太空樱桃番茄”，含糖量高达 13%，与柑橘含糖量相当，口感鲜甜，可当水果食用；“太空玉米”则可长出 5 种颜色，味道也比普通玉米好；水稻已获得株高、分蘖力、穗型、生长期等有益变异株，获得了比原品种增产 20% 左右的高产优质品系；小麦已获得矮秆、早熟、抗病、高产的“太空”1 号、“太空”2 号品种，平均亩产比原品种增产 9% 左右。中国科学院遗传与发育生物学研究所在北京培育的紫花苜蓿、沙米、红豆草、匍匐冰草，四种草具有超常的抗寒抗旱性能。尤其是紫花苜蓿还有较高的蛋白质含量，能像韭菜一样，一茬一茬地割，与未经搭载的对照株相比，它的存活期变长了，而且不易枯萎。据介绍，专家们将继续对呈现变异特征的太空“草民”进行筛选和接种，一旦它们的变异特征稳定下来，将被大面积种植在我国西部地区及北京周边，用来防止草地荒漠化，堵截沙尘暴。

太空育种可以缩短育种周期。据专家介绍，正常的农业育种一般需要 8 年时间，太空育种可以缩短一半的时间。但从太空搭载回来以后，在地面必须种植四代，才可以选育出性能稳定的品种。

太空育种技术开辟了有效培育新品种及特异种质资源的新途径，为人类进入太空农业时代展示了美好的前景；上天“修炼”回到“尘世”的太空种子，具有十分广阔的市场，必将撒播广袤的大地，生产出更多更好的太空食品，给人类带来无限的福音。

9.9 太空旅客

2009 年 3 月 26 日，“联盟”TMA-12 号飞船当天从拜科努尔卫星发射场起飞，呼啸着疾速冲向哈萨克斯坦北部大草原的上空。曾经于 2007 年首次造访空间站的美国亿万富豪查尔斯·西蒙尼，由此成为了空间站观光的“回头客”。

西蒙尼现年64岁，以开发软件起家，如今已是腰缠万贯的亿万富豪，他为第二次太空之旅花了3 500万英镑。送别的人中除了西蒙尼的妻子，还有他以前的同事、微软联合创始人保罗·艾伦。

俄罗斯地面飞行控制中心的直播画面显示，太空游客西蒙尼第一个“飘进”了空间站，他看上去气色不错，进站时面带微笑，美国航天员迈克尔·巴拉特随后进入空间站，最后进入空间站的是俄罗斯航天员根纳季帕达尔卡。第18长期考察组俄罗斯航天员尤里·隆恰科夫、美国航天员迈克·芬克及空间站首位日本航天员若田光一与他们热情拥抱，欢迎他们的到来。

为了两次太空之旅，他支付了6 000万美元，第一次是2 500万美元。他说：“好机会总是稍纵即逝，错过就不会再有。”不过，他已向28岁的妻子，瑞典社交名媛利萨·柏斯多特承诺，这是他最后一次进行太空飞行。西蒙尼在与柏斯多特订婚时，告诉她太空飞行的事，西蒙尼开心地笑着说：“当时她非常支持我这样做，但是要求我以后不要再进入太空。”他很快指出，这是他第一次结婚，他将把一枚订婚戒指带入轨道。西蒙尼说：“我把它看成是第一次太空飞行的延续。两次飞行的原因都一样，都是为了支持太空研究、普及民用太空飞行和鼓励青少年关注科学及工程学。”

西蒙尼从小就渴望有一天能飞入太空。13岁时他代表匈牙利成为一名少年航天员，有幸前往莫斯科，与苏联的第一位航天员见面。他对电脑编程的浓厚兴趣，最终导致他迁往美国。1982年他加入美国国籍，成为美国公民。西蒙尼拥有计算机科学博士头衔，并是一名持证飞行员。他领导了微软Word和Excel的研发工作。2002年他离开微软，成立国际软件公司和理查斯·西蒙尼艺术与科学基金会。他提议在空间站上进行医学和放射实验，并利用地球上的“视窗”操作系统给地球拍照。太空美景和体验失重状态也是促使他重返太空的一方面原因。他说：“从太空看地球没有任何遮挡，地球看起来非常蓝。”

西蒙尼在空间站逗留12天后与尤里·隆恰科夫和迈克·芬克于4月7日乘坐俄罗斯“联盟”TMA－13载人飞船返回地面。

图9－11　成功返回地球的西蒙尼感觉良好

9.10　太空放歌

从音乐剧《剧院魅影》到专辑《伊甸园》，从歌曲《告别时刻》的轰动到北京奥运会开幕式的《我和你》，莎拉·布莱曼创造着一个又一个奇迹。2012 年，莎拉·布莱曼在俄罗斯接受了体能和医学的检测，如果一切顺利，她将于 2015 年 10 月以私人游客身份搭乘“联盟”号飞船飞向距离地面 400 千米的国际空间站，并有望在太空高歌一曲。

素有“月光女神”之称的莎拉·布莱曼，像过去 11 年中的其他几次私人太空游所经历的一样，莎拉·布莱曼的 10 天太空行程由太空探险公司安排，她将成为第 8 位付费前往国际空间站的游客，也是第 2 位前往空间站的女游客。太空探险公司董事长埃里克·安德森表示，现在太空游的价格已经上涨到约 5 000 万美元，考虑到莎拉·布莱曼的身价估计低于这个价格，因此有可能票价的一部分将由她的广告费支付。安德森说，莎拉·布莱曼是太空旅游很好的候选人，因为她是世界女高音超级巨星，还是联合国教科文组织和平使者，没有人比她更合适代表人类的太空游梦想。

图 9－12 “月光女神”莎拉·布莱曼

现年 52 岁的莎拉·布莱曼告诉记者，她在孩童时期就有飞上太空的梦想。“1969 年看到阿波罗 11 号飞船在月球着陆时，就鼓舞着我，我不认为自己是梦想家，我只是一个梦想的追逐者。”莎拉·布莱曼说，“我希望我的太空旅行能鼓舞其他人，鼓励他们找到自己的梦想，同时有助于实现联合国教科文组织提倡的促进地球和太空和平与可持续发展。在答记者问时，一位记者问莎拉·布莱曼是否想到有可能在这次旅行中碰到外星人。她的回答是：“我很乐意被外星人绑架。”

在谈到莎拉·布莱曼为太空旅行做准备的问题时，她对在莫斯科进行的医学试验竖起了大拇指。她强调，尽管她已经收到俄罗斯人的医学批准，但是在 2013 年她的全球巡演结束后才能到俄罗斯星城进行为期 6 个月的太空飞行训练。与莎拉·布莱曼一同上天的还有另外两位航天员，届时“国际空间站”航天员会在轨逗留 1 年时间。

到太空生活是一项惊心动魄的奇妙之旅，也是很多人梦寐以求的事情，但到太空的路费就要上千万美元，工作时间甚至要精确到秒，干活的时候愿意怎么待着就怎么待着，而精神与肉体的巨大刺激更难以形容。但即便如此，人们仍激情四射，跃跃欲试。也许，正是这种热情和执着，才使人类在迈向太空的路上越走越远。

10 太空寻觅

不懈探索未知世界是人类得以生生不息的重要法则。随着地球气候变暖、环境恶化、人口膨胀等问题的出现，人们开始担忧地球的承载能力，地球爆炸说、世界末日说随之而生，寻找另一个适合人类居住的世界，已成为不少人思考的问题。在航天技术飞速发展的今天，很多科学家开始规划如何运用航天器向地球以外的星球进军。

10.1 飞向深空

载人航天如同皇冠上的明珠一样，吸引着全世界人们的目光，而同时因为投资巨大和经济效益不明显，成为争议最大的工程。载人航天何去何从？美国科学界经过反复思索，选择了一个灵活路径的深空探测方案，即筛选多个候选探测目标，不必非要沿着从地球到月球再到火星这样遥远的固定路线前进。因为，载人去火星来回至少一年半，而一旦出错，满盘皆输。可以先从较近的目标开始，比如说拉格朗日点（在这些点上，物体受到太阳、地球和月球的引力刚好达到平衡）或近地小行星，积累经验，突破技术，再奔向下一站。这是“积小步，成大步”的原则。

在地球和火星之间的近地小行星带中，有上千颗这样的小行星，都可以作为迈向火星的中继站。由于小行星自身引力很弱，在上面降落所花费的能量比在月球或火星上登陆要少得多。通过小行星探测项目，可以逐步解决人类星际征途中最复杂、一直没有得到解决的问题：在微重力环境中，如何让航天员的身体机能不发生衰退，不受到宇宙射线的伤害。只有知道如何应对宇宙空间的残酷环境，才能更好地设计出登陆火星所需的“深空飞行器”。

“深空飞行器”主体结构、太阳能阵列和生命保障系统都可直接采用空间站上的现有设计。国际空间站的太阳能电池阵列的输出功率为260千瓦，去小行星大概需要200千瓦的电推进系统，远征火星则需要开发600千瓦的推进系统。

这是一个稳健的发展模式，即便某个环节出了问题或不能按期完成，整个项目仍能保持前进的态势。2011年9月，美国宇航局宣布，将逐步完成新一代大推力运载系统——空间发射系统（SLS）：首先建造小一些的发射系统，推力为阿波罗计划中“土星”5号火箭的一半，然后以此为基础，逐步建造推力更大的系统，直到超越“土星”5号火箭。发射系统的配套项目是“猎户座”载人舱，它能在3周内将6名航天员送入月球轨道及地月系的拉格朗日点。美国与欧洲已经签署协议，将联合研制目标为小行星的“猎户座”深空飞船。

在验证飞行中，“深空飞行器”在地球轨道组装完成后，将用两年时间，在远程控制下，沿着一条螺旋轨道，从近地轨道经过范艾伦辐射带慢慢爬升到远地轨道。接着，飞行器到达地球引力场边缘的预定位置，距离行星际空间仅一步之遥，在这里飞行器可通过掠月飞行或其他机动方式调整轨道，以便用最佳状态脱离地月系。此时，航天员方才登场，乘坐小型化学火箭登上“深空飞行器”。

作为测试飞行，航天员将驾驶飞行器进入月球静止轨道，基本上悬停在月球南极上方。然后，他们可以操控一队机器人探测器，勘探艾特肯盆地中永远不见光明的陨石坑，调查坑中古老冰层的分布情况。由于这里离地球很近，只有几天的行程，这样就可以安全地考察各种技术条件是否能达到长期深空探索的要求。航天员返回地球后，“深空飞行器”将停留在远地轨道，补充燃料和其他补给，准备重新启程，首次踏上奔赴小行星的征程。

10.2 登陆小行星

在科幻电影《世界末日》中，布鲁斯·威利斯所饰演的角色和其他航天员利用两架改良式航天飞机抵达一个即将撞毁地球的“杀手小行星”，完成了拯救地球的重大任务。美国宇航科学家提出了一个最新计划，可以用最低的代价实现深空探索，最快可在2024年登上编号为2008 EV5的近地小行星，为人类登陆火星做好准备。

但登陆小行星并不是像科幻电影中那样简单。月球与地球之间的平均距离为38万千米，而初步估计未来人类所登陆的小行星至少距离地球804万千米，小行星之旅至少需要6个月。另外，需要建造一种航天员能够生存并且存储氧气、食物和水供给的新型航天器，让里面的航天员能在太空强辐射环境中“烘烤”数个月。

抵达小行星后，还有一个很难解决的问题——人类无法在小行星行走或者驾驶交通工具。一旦航天员登陆小行星，基本上不必考虑如何在小行星驾驶探测车等工具，因为小行星表面一定非常崎岖，遍布突起和凹陷。事实上，即使最大的小行星重力也很小，航天员很难站在小行星表面，而是漂浮在空中。有人提议：航天员可以在小行星表面锚定安全绳。但这种方法也存在着危险，因为我们并不清楚小行星表面坚固度如何，是否能够支撑固定航天员。

微重力环境意味着航天员勘测小行星过程中形成的任何灰尘微粒都会长时间悬浮，小行星上没有大气层，也没有相关的气象，并不会对灰尘微粒进行侵蚀。小行星上的灰尘微粒边缘锋利，航天员勘测小行星的任何活动将非常棘手。

为了帮助未来航天员登陆小行星做好前期准备工作。美国“勇气”号和“机遇”号双胞胎火星探测车首席科学家史蒂夫·斯奎尔斯带领一个团队在海底奋战。他们作为一名“海底观察员”曾在海底度过13天，执行美国宇航局“尼莫”（NEEMO）水下探测任务。

“尼莫”是美国宇航局极限环境任务行动的简称，史蒂夫·斯奎尔斯认为：“2025年，美国宇航局希望派遣航天员对千米或更小直径的小行星进行探索，这样的小行星属于微重力环境。没有人知道如何将野外地质变成微重力环境，目前最好的方式就是在水下环境实现微重力环境模拟。”

这个水下实验舱大约有学校巴士大小，它放置在19米深的海底。一共有6人在这里工作，其中4位是美国航天员，另外2位是国家水下研究中心的研究员。航天员需要模拟练习“舱外活动”，每天上下午分别进行1次，每次3小时。航天员都不再使用水中呼吸器，而采用可提供空气的头盔装置，且能持续保持语音通信。模拟小行星表面基本的野外地质任务，例如：部署科学探索仪器和收集样本。我们将试着用许多方法来实现，使用绳索和小型单人潜艇模拟“舱外活动”。

图 10－1　水下模拟在小行星上行走

图 10－2　水下训练

10.3 从小行星到火星

按计划，航天员将在小行星表面进行一个月的探索，但他们不一定要穿宇航服，而是可以像深海探测一样使用探索艇。美国宇航局已经开始研发名为“深空飞行器”（SEV）的、能用于小行星勘测的探索艇，这种小艇还可以进一步改装成适用于月球和火星表面的漫游车。

在这一个月内，航天员将对小行星进行全面勘察，寻找特殊矿藏和合适的地点，看能否挖掘到可以反映太阳系形成初期情况的样品。美国宇航局希望派出的航天员兼有探险家印第安纳·琼斯和王牌飞行员斯科特的素质——既有深厚的科学背景，可从行星的尘土中鉴别出珍贵样品，又有工程师的技能，可解决探测任务中的各种问题。

30 天的勘察完成后，离子引擎会将“深空飞行器”推离小行星，进入为期 6 个月的返航轨道。在到达地球的前几天，航天员进入一个载人舱，与母船分离，然后控制载人舱返回地球。“深空飞行器”本身则停留在绕日轨道上。它将在轨道上进行一次掠地飞行并不断减速，降低相对于地月系的动能，这样，它绕日一周重新接近地球时，就可以通过掠月飞行再次进入远地轨道，等待下一次任务。通过这种方式，探测器上的离子引擎和生命维持系统都能重复使用。

通过几次一年期的小行星探测任务，科学家可以不断改进生命维持和防辐射系统，最终为飞向火星铺平道路。首次火星飞行不一定要在火星上着陆，可能先会探测“火卫一”和“火卫二”，其实这还是相当于一次小行星探测任务，只不过时间延长到两年半。千里迢迢飞向火星，最后却不在火星上着陆，看起来似乎有些傻，但在火星上着陆会让这个任务变得极其复杂。因此，在踏上这颗红色行星之前，首先登陆火星卫星，可让航天员熟悉行星际航行，以便能更好地完成探测任务，并安全返航。

工程人员提出了多种策略，让火星登陆任务能以最低的成本，获得最大的灵活性。其中，最紧迫的任务莫过于预先在火星上设置一个生活和探索基地，为航天员的登陆做好准备。这样的设施可以用慢船（离子引擎）运送过去，运抵火星后它可以自己生产燃料，比如通过收集火星大气中的二氧化碳，与自地球携带去的氢气混合，生产甲烷和氧气，或更简单地通过电解水来产生液态氢和氧。

图 10－3　探测器在小行星表面采集样本示意图

图 10－4　火星探测示意图

地球与火星间有相对运动，在两颗行星再次会合之前，航天员有一年半时间停留在火星上，可以进行充分的探索。任务结束后，他们会登上已经就地灌装好燃料的发射舱，发射到火星轨道，与来自小行星空间基地的“深空飞行器”对接，然后乘坐后者返回地球。“深空飞行器”甚至可以固定在一条轨道上，来回在地球和火星间运行，利用引力弹弓效应运行，几乎无需燃料。

空间探索最大的障碍不在于技术，而在于如何选择合适的策略，以尽可能小的代价，取得尽可能多的成果。如果美国采取逐步推进的技术发展路线，制定步步为营的任务策略，载人航天就能在40年之内突破近地轨道，进入行星际旅行的辉煌时刻。

10.4 “猎户座”深空飞船

“猎户座”飞船是美国宇航局为星座计划研发的新一代载人航天器，旨在将人类送往小行星和征服火星等太阳系内目标。

“猎户座”名称源自一个误会。美国宇航局原本计划将研制的载人飞船命名为“载人探索飞行器”（CEV），并打算于2006年8月31日公布。可惜在2006年8月22日之前，国际空间站上的美国航天员杰夫·威廉姆斯在对地球无线电通话时无意中说溜了嘴，提到美国宇航局刚刚为载人飞船选定的最后名称为“猎户座”，消息很快传播开来。为此，美国宇航局只得在2006年8月22日正式公布“猎户座”这个名字。“猎户座”是天空中最明亮的星座之一，是大家十分熟悉而且极易辨认的星座。

“猎户座”飞船作为航天飞机的后续项目原本是“星座”计划的一部分。重达9.5吨的飞船用于航天员重返月球以及往返国际空间站运输人员或补给品。但是奥巴马总统在2011年的预算方案中，取消了“星座”计划，并强调美国要朝着将航天员送往小行星，然后是载人登陆火星的方向上努力。

“猎户座”飞船包含三个基本组成部分：载人舱、服务舱和火箭助推器，能够携带6名航天员往返国际空间站和携带4名航天员往返月球。虽然新的国家计划放弃登月计划而改为载人登陆小行星，“猎户座”飞船仍然能够携带载荷执行此类任务。

2013年1月16日，美国宇航局和欧洲空间局达成协议，由欧洲空间局为“猎户座”飞船提供建造服务舱，将“猎户座”飞船改造成深空飞船，并计划2017年首次用于无人太空任务，2021年首次进行载人飞行任务。

升级成深空飞船的“猎户座”设计能够承受6个月的任务，在访问小行星途中要能够承受将会遭受的辐射、微流星体和太阳耀斑等。小行星任务需要更多的空间来存放补给、设备和进行实验。可能要将使用两艘“猎户座”飞船连接在一起或者将一个飞船与一个较大的居住舱连接在一起。

登陆小行星的任务可以实现多种功能。它可以为飞往火星做准备，也可以帮助科学家了解行星是如何在恒星周围形成的。小行星上可能含有铂等宝贵资源，可以开采和利用。这也是登陆小行星的动机之一。此外，小行星可能撞击地球。我们需要了解小行星的组成以及它们是如何聚集在一起的。这些知识对于我们改变其运行轨道十分重要。

从现在到2030年会有4个访问小行星的窗口，最早发射日期是在2019年。尽管“猎户座”飞船的工程师仍在等待“猎户座”的命运，但是他们将继续制造“猎户座”基本型，同时规划用作深空探索的型号。

10.5 模拟火星飞行

2011年11月4日，“火星500”实验圆满结束，包括中国王跃在内的6名志愿者顺利出舱，实验期间无一人退出。

这是人类首次模拟往返火星试验，为期520天的试验由三部分组成：250天模拟飞往火星、30天模拟驻留火星和240天模拟返回地球。首先6名志愿者将用250天的时间完成飞往火星的任务以及中途的诸多试验。他们中的3个人进入一个火星模拟登陆舱内，然后穿着宇航服在一块模拟火星表面上着陆，并在那里工作30天。模拟火星表面是一个密封的巨大沙丘，上方屋顶装有数百盏灯模拟太空星辰。最后，他们模拟花240天返回地球。

志愿者们所处的模拟舱犹如一辆双层公共汽车，约550立方米。生活舱内有6个被隔开的单人卧室，每名志愿者拥有属于自己的3.4平方米私人空间，包括一张床、一张桌子，以及床下的储物空间。生活舱旁边还有一个小小的健身房和一个人工温室，他们可以在那里种植生菜、萝卜和卷心菜等。舱内没有电话、互联网和自然光，志愿者只能呼吸循环空气，每10天可以洗一次澡。除此之外，舱内所有空间都装有摄像头。在试验过程中，志愿者只能通过无线电和模拟的“地面控制中心”进行联系，而且为了模拟真实的火星状态，实验舱和外界的通信之间有20分钟的延迟，这正好是无线电信号从火星抵达地球所需的时间。

志愿者每天可以获得85美元的补贴，如果中途有志愿者因心理压力过大而无法承受，可以选择离开实验舱。

为执行这次模拟试验任务，6名志愿者在俄罗斯生物医学问题研究所接受了3个多月的培训，包括医学、生物学、工程学、心理学、语言学等多项理论课程和实践操作训练。据王跃介绍，他熟练掌握了各国106个试验项目的内容，做好了应对各种困难的准备。试验中，他将和5名外国同行一起，围绕长期密闭环境对人体健康和工作能力的影响、环境控制与生命保障系统各项参数、乘务组飞行期间飞行程序的安排和天地协同，以及飞行信息系统的完善等开展一系列科学研究。

图10－5　“火星500”实验志愿者迎接2011年的新年

他们每天的时间分成三部分：8小时工作、8小时休息和8小时娱乐。在没有紧急情况发生的时候，志愿者们可以一周休息两天。为了打发舱内的无聊时光，志愿者们出发前购买了一台任天堂游戏机。实验舱内的公共生活空间墙上挂着一些著名航天员和俄罗斯总理普京和法国前总统戴高乐的照片。

由中方组织参与的中医项目、生物节律与氧化应激项目及心理项目，均达到了预期目的，中国初步获得了对长期密闭环境中人体整体功能状态的中医辨证、人体生物节律和氧化应激的规律性认识，了解了不同文化背景下乘组相容性特点，积累了长期载人航天飞行中的医监技术经验。

图 10-6　2011 年 11 月 4 日，“火星 500”实验志愿者走出实验舱

10.6　木星卫星的“脸”

过去，科学家一直认为任何比火星远的星球都不可能具备孕育生命的条件，因为它们距离太阳过远，气温太低了，失去了太阳所提供的能量来源。不过，随着对火星之外的星球的探测器观测，这一观点正在面临巨大的挑战。

1977 年 9 月 5 日发射的“旅行者”1 号探测器在其经过木星时传回的照片让科学家有了意想不到的发现：木卫一（艾奥星）这个本应是冰冷、荒芜的小星球有着一张恐怖的“脸”，其表面竟然分布着数百个巨型活火山和一些巨大的熔岩湖。

在地球上，火山活动受地球内部能量的驱使，但是木卫一太小了，本应该在数十亿年前就冷却下来。是什么赋予了木卫一神奇的能量呢？答案来自她的母星——木星。原来，木卫一绕木星的卫星轨道不是一个标准的椭圆形，木星和其他卫星对于木卫一的引力作用会导致其发生轨道摄动，当木卫一靠近木星这个大家伙时，它会被木星强大的引力拉长 100.65 米，就像一个不断被弯折而发热的金属一样，数十亿年的拉扯赋予了木卫一源源不竭的能量。没有温暖的阳光，木星的引力能量原则上也同样可以用来维持木卫一上面的生命。

这一发现，带来了新的启示——即使没有阳光，生命也可以有其他形式的能量来源，从而把人们搜索地外生命的目光延伸到距离太阳更远的地方。不过木卫一存在生命的概率微乎其微，因为科学家到目前为止仍没有在木卫一上发现液态水。

既然木卫一上存在有生命的可能，那么木星上的其他卫星是不是也可能具备同样的或者更适宜的条件呢？

1989 年 10 月 18 日，美国“亚特兰蒂斯”号航天飞机施放的“伽利略”号木星探测器，曾经 12 次经过木卫二（欧罗巴星），“伽利略”探测器拍摄到了大量关于这颗卫星的图片并有了新发现。木卫二表面覆盖了布满大量裂痕的冰壳，就像长满皱纹的老人脸。通过分析这些裂痕，科学家发现它们许多都是反复破裂并再次冻结形成的，这说明木卫二内部一定也充满了活跃的能量。

“伽利略”探测器通过探测木卫二的磁场，发现其表面冰壳之下存在着一个含盐度极高的洋流，并且其液态水总储量是地球海洋水量的两倍。一定有什么东西让木卫二从内部融化了，类比木卫一，科学家很快找到了原因，即木星的强大引力。木星的吸引赋予了木卫二融化的地下海，同时也带给了这个星球生命活动所需要的热量。如果能找到有机物的存在，那么它将成为另一颗和地球一样具有适合生命存在的星球。不过探索的道路还相当遥远，因为我们必须造出能够穿透数千米冰层的机器，这在地球上已经是非常艰难的事，何况它要被送往遥远的木卫二，并且还要具备在水下航行的能力。

10.7 浓雾下的土卫六

为了探寻生命，科学家把视野拓展到了更远的土星。

“卡西尼/惠更斯”号土星探测任务是美国宇航局、欧洲空间局和意大利航天局的一个合作项目，它是人类进入空间时代以来最激动人心的大型国际合作课题之一。在经过7年、长达20亿千米的长途跋涉之后，2004年“卡西尼”号土星探测器抵达土星附近，进入预定飞行轨道，剑指土星的62颗卫星中最大的一颗——土卫六。

隐藏在一团橘黄色的薄雾中的土卫六比水星还要大。从“卡西尼”号上释放的“惠更斯”号钻进浓雾，揭开了土卫六的庐山真面目。通过土卫六的实地照片，人们惊奇地发现土卫六上遍布崇山峻岭和沟壑深谷，与地球地貌惊人的相似，同时，照片显示了一个意想不到的东西——湖泊。这一惊人的发现，让人们第一次发现了除地球以外仍然有液体覆盖的星球。不过，这种液体显然不是水，因为土卫六的温度只有华氏－290度（摄氏温度约为－143℃），通过对湖面反射的红外线分析，最终显示这种液体是液态的甲烷和乙烷。如果说地球上液态的水是孕育地球上千姿百态生命的源泉，那么是否也有其他形式的生命可以生存于甲烷等其他液体之中呢？如果生命可能在土卫六上繁衍生息，那么是否也会在和地球截然不同的星球上通过匪夷所思的方式进化发展呢？这一系列的问题都引领着人们去探索外星的生命。

土卫二是另一颗可能存在生命的土星卫星。“卡西尼”号拍摄的照片显示，土卫二（恩克拉多斯星）是一颗表面布满裂痕的冰球，这些几十千米长、数十米深的裂缝被科学家称为“虎斑”。

在一次环绕飞行中，“卡西尼”号的热成像传感器发现了一些意想不到的东西：在土卫二的南极上，“虎斑”处的温度应该比其他地方更低，但它们却在不停地向外辐射热量，虽然温度只有－120℃，但是这些裂缝处的温度却比土星其他大部分卫星的高200℃。当“卡西尼”号改变了它的航道，它看到了太阳映衬下的土卫二，图像显示它喷射出的气流向太空延伸了数百千米。

科学家认为，和木卫一、木卫二一样，土卫二上活跃的喷射活动其能量仍然来自其母星的引力。当土卫二绕土星飞行时，在土星的引力作用下，使它产生了大量的热量，将卫星内部的冰融化并以“间歇泉”的形式喷射出来。这一发现，使科学家决定让“卡西尼”号做进一步的探索。最终，“卡西尼”号通过光谱仪检测出土卫二的喷射物中存在含碳的有机化合物。至此，土卫二满足了适宜生命存在的三大条件：有机分子、液态水及大量的热能。不过可惜的是，“卡西尼”号上的仪器无法检测生命信号，不过这一发现已使土卫二成为未来最热门的探索对象之一。

10.8 太阳系外的行星

寻找地球以外适合人类生存的环境一直是人类的梦想。然而直到20世纪末，随着探测技术的提高，人类才逐步揭开了太阳系外行星（以下简称系外行星）的庐山真面目。1995年，瑞士日内瓦系外行星探测小组在太阳型恒星（飞马座51）附近发现了第一颗木星质量量级的行星，并很快被加利福尼亚大学研究人员所证实。这个重大发现揭开了人类搜索系外行星的序幕。

通过多普勒视向速度、凌星（行星在恒星视面经过）等多种探测技术，截至2013年1月1日，已经被认定的系外行星总数为854颗，这些行星分属673个行星系，其中有126个多行星系。开普勒空间望远镜任务已经检测到18 000颗行星候选者，包括262颗位于潜在宜居带的候选者。

2013年3月，一个国际天文小组发表最新研究报告说，环绕太阳系外恒星HR8799运行的一颗行星大气中含有水蒸气和一氧化碳，但没有甲烷。美国、加拿大天文学家借助夏威夷凯克天文台的望远镜，使用新的观测方法和数据分析处理技术对这颗名叫HR8799C的行星进行了迄今最细致的观测，获得其化学、引力及大气等高分辨率数据，并根据数据分析了其光谱特性。HR8799位于飞马座，距地球约130光年。近年来天文学家先后直接观测到它的4颗行星，HR8799C是其中之一。这颗行星能以自己发射的光谱而被直接观测，天文学家认为它是一颗巨大的气态行星。

关于系外行星形成过程，天文学界一直存在争论。一种观点认为，先有一个行星内核，这个内核逐步吸积捕获周边气体，缓慢积聚而成为行星；另一种观点认为，行星形成来自引力的不稳定性，在这种情况中，行星内核及其大气同时产生。最新发现为内核吸积理论提供了有力论据。行星HR8799C与其恒星的距离相当于冥王星与太阳的距离，如此巨大的行星在离恒星遥远的地方诞生，表明它依靠自己的内核吸积气体。

随着系外行星的大量发现，系外行星的探测和理论研究已成为国际天文学的热点领域之一。最近几年的国际大型空间计划，如美国宇航局的空间干涉仪 SIM 和欧洲空间局旨在描绘银河系最大和最精确星图的“盖亚”探测器等，都把探索系外行星系统作为其全部或重要的科学目标之一。这些空间计划的实施，配合地面观测计划，直接推动了人们对天文学中行星系统形成与演化以及地球外生命的研究，同时也有助于在恒星形成、生命起源等相关领域的研究。

10.9 飞出太阳系

2013 年 3 月 20 日，美国新墨西哥州立大学和马里兰大学的研究人员在《地球物理研究通讯》网络版发表论文说，“旅行者”1 号探测器已脱离太阳系，不过美国宇航局官员接受新华社记者采访时表示还不能确认这一点。这些争论表明，人类正在迎来人造物体飞出太阳系的历史性时刻。

2012 年 8 月 25 日，“旅行者”1 号探测器接收到的宇宙射线发生剧烈变化，通常存在于太阳系外层的相关种类射线跌至先前水平的 1%，同时来自太阳系外部的宇宙射线则达到先前水平的两倍。这是美国宇航局 1977 年发射这一探测器以来首次出现的情况，而探测器在过去 6 个月中宇宙射线水平比较稳定。研究人员因此认为，“旅行者”1 号已经成为首个脱离太阳系的人造物体。这一结论如被证实，将是人类太空探索历史中的重要时刻，标志着星际探索新时代的到来。

不过，美国宇航局喷气推进实验室“旅行者”项目负责人苏珊娜·多德接受记者电话采访时说，项目团队注意到了认为“旅行者”1 号已脱离太阳系的研究报告，尽管这份报告所引用数据是正确的，但项目科学家团队并不同意“旅行者”1 号探测器已离开太阳系或者抵达星际空间的说法。“旅行者”1 号目前位于距太阳约 182 亿千米的位置，处于太阳系的边缘。判断它是否进入星际空间还有最后一个重要标志，就是磁场方向的变化，目前项目组尚未探测到这一变化，“我们仍在等待这一时刻来临”。

“旅行者”1号于1977年升空，在1989年完成观测木星、土星等星体的最初任务后，美国宇航局指令其向银河系中心方向进发。美国宇航局2012年12月发表声明说，“旅行者”1号进入了太阳系外层区域，这一区域仍位于太阳系内部，但外部与星际空间相连，是“旅行者”1号进入星际空间之前在太阳系最后一段旅程。

虽然关于“旅行者”1号是否已经到达星际空间仍存争论，但这不影响它持续产生的科学价值。最新研究报告的主要作者、新墨西哥州立大学科学家比尔·韦伯表示：“我们已经进入一个新的区域，所观测到的一切都不同以往且令人兴奋。”

随着系外行星的大量发现，系外行星的探测和理论研究已成为国际天文学的热点领域之一，最近几年的国际大型空间计划都把探索系外行星系统作为其全部或重要的科学目标之一。这些空间计划的实施，配合地面观测计划，直接推动了人们对天文学中星系系统形成与演化以及地球外生命的研究，必将为人类探索另一个世界奠定坚实的基础。

结语

千百年来，人们对太空充满了遐想和向往，探索太空的热情一刻也没有减退过。20 世纪中期，航天技术作为这个世纪最伟大的科学技术成果之一，敲开了宇宙之门，使人类奔向太空的梦想终于变成了现实。从此，人类揭开了探索太空的崭新一页。

1957 年 10 月，苏联发射世界上第一颗人造地球卫星，一时间轰动全球；紧随其后，1958 年 1 月，美国也发射了第一颗人造卫星；此后，人类开始你追我赶地发展航天技术，一步一个脚印地向太空进军。从宇宙飞船到航天飞机，从阿波罗登月计划到火星移民计划，从“礼炮”1 号空间站到国际空间站……航天技术的发展不仅让人们更加全面地认识了宇宙的奥秘，也给人类社会的政治、经济、军事、文化等诸多方面带来了深刻变革。时至今日，我们已无法脱离航天技术带来的新的生产生活方式。让航天技术造福于人类、服务于社会，也已成为当今社会人类航天活动的主旋律。

目前，世界各国都在制订未来航天技术发展规划。可以预见，在未来的 30 年内，数量更多、用途更广、寿命更长的各类人造卫星将不断升空，利用人造卫星导航和建立全球综合信息服务网的巨大工程，将给人类的经济社会建设和军事活动带来重大影响。太空港将建成使用，人类将实现太空工业化、商业化、人类化的目标，人类利用空间资源、实现外星居住的梦想也将最终实现。往返于地球与低地轨道之间的货运飞船、客运飞机将开始运行，月球前哨站和在月球上生产火箭推进剂工厂将变成现实，地球轨道与火星轨道之间连续客运的通道将被完全打开……航天技术将给人类描绘出一幅五彩缤纷的美妙画卷。中国航天事业自1956年开创以来，经历了艰苦创业、配套发展、改革振兴和走向世界等几个重要时期，迄今已达到了相当规模和水平：形成了完整配套的研究、设计、生产和试验体系；建立了能发射各类卫星和载人飞船的航天器发射中心和由国内各地面站、远程跟踪测量船组成的测控网；建立了多种卫星应用系统，取得了显著的社会效益和经济效益；建立了具有一定水平的空间科学研究系统，取得了多项创新成果；培育了一支素质好、技术水平高的航天科技队伍。中国在卫星回收、一箭多星、低温燃料火箭技术、捆绑火箭技术以及静止轨道卫星发射与测控等许多重要技术领域已跻身世界先进行列；在遥感卫星研制及其应用、通信卫星研制及其应用、载人飞船实验，以及空间微重力实验等方面均取得重大成果。

未来30年不仅是世界航天技术快速发展的黄金时期，也是中国航天运载事业发展难得的战略机遇期，随着国家新一代运载火箭重大专项工程的顺利实施，我国的航天运载技术必将取得长足发展。可以预测，未来30年后，我国的航天运输系统构成将进一步丰富，形成包括一次性运载火箭、轨道转移飞行器、天地往返运输重复使用运载器在内的综合航天运输体系，具备批量制造及高密度发射、大规模进入空间、按需快速发射、轨道机动运输及重复使用天地往返运输等能力，满足国防建设和国民经济迅猛发展的需求。中国，必将在未来的世界航天画卷上留下一抹浓重的色彩。

参考文献

［1］周武．天上人间：载人航天与人类社会［M］．汤寿根，沙锦飞．新视角科普系列丛书．济南：山东教育出版社，2010.

［2］胡杨．人类与航天［J］．太空探索，2012（1）：2，30－34.

［3］贾永，秦宪安，宿东．天宫筑巢专题［J］．太空探索，2012（7）：6－21.

［4］王朋，雷光会，宿东．天上人间专题［J］．太空探索，2012（8）：10－31.

［5］易林，秦宪安．六千万师生共赏太空课［J］．太空探索，2013（7）：9－12.

［6］921工程20周年专题［J］．太空探索，2012（9）：20－29.

［7］定位导航系统专题［J］．太空探索，2012（10）：24－35.

［8］Space Shuttle Era Videos［CD］. http：//www. nasa. gov/mission_ pages/shuttle/flyout/index. html.

［9］Jamie Doran，Piers Bizony. 勇闯天际［J］．读者文摘（台湾版），2012，2.

［10］月球探测进展与我国的探月行动［J］．自然杂志，2005，27（5）：253－257.

［11］Steven Siceloff. NASA Yields to Use of Alpha Name for Station［J］. Florida Today，1 February，2001.

［12］SPACE STATION TO BE SUNK AFTER 2020［J］. Discovery News，27 July 2011.

后 记

航天事业是众多高科技的集成和结晶，如果说航天技术是科学技术中的皇冠，那么，载人航天就是披荆斩棘去摘取皇冠上的明珠。

在载人航天事业中，中国虽然以后来者自居，但是步伐坚实，志向远大。中国依靠自己的力量，独立自主地开展载人航天活动，短短20年先后成功突破了载人天地往返、空间出舱活动、空间交会对接等一系列关键技术，顺利实现了从无人到有人、从一人一天到多人多天，从舱内实验到出舱活动，从单船飞行到组合体稳定运行等一次次重大跨越，为和平利用外层空间，为人类的文明和进步做出应有的贡献。如今，中国在继续稳步推进载人航天工程，在不久的将来，中国的空间站将成为太空最亮的“星辰”，而继嫦娥卫星“九天揽月”之后，中国人漫步月球的梦想也必将实现。就像中国“航天之父”钱学森说的：“外国人能干的，中国人为什么不能干?”

载人航天只是航天技术应用最引人注目的一个方面，希望读者朋友看完书以后，能对空间科学、空间技术和空间应用这航天三大领域都产生浓厚的兴趣，萌生想要深入了解航天科技的方方面面，甚至投身航天事业的美好愿望。

在编写过程中得到了众多专家和朋友的帮助，中国宇航学会《太空探索》杂志社提供了大量资料和精美的图片。另外，大量的图片选自美国宇航局、欧洲空间局和俄罗斯联邦航天局的官方网站，在此表示诚挚的感谢。

彩插 6－1 “礼炮”1 号与“联盟”11 号载人飞船交会示意图

彩插 6－2 “礼炮”7 号空间站在轨飞行

彩插 6－3 美国“天空实验室”空间站

彩插 6－4 “和平”号空间站上的对接口

彩插 6－5 对接在俄罗斯“和平”号空间站上的美国航天飞机

彩插 6 - 6　国际空间站太空雄姿

彩插 6 - 7　太空餐桌上的食品

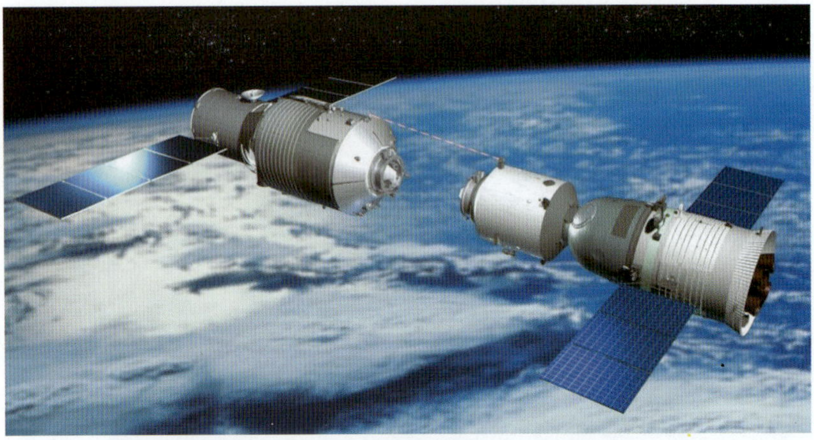

彩插 6 - 8　天宫一号与“神舟”八号对接

彩插 6 - 9　指令长聂海胜“悬空打坐”，王亚平轻轻一推，聂海胜就飘到了实验舱的另一头

彩插 6 - 10　巨大的太空水球

彩插 7－1　驾驶第一架航天飞机上天的

约翰·杨(左)和罗伯特·克里平

彩插 7－2　加拿大航天员斯蒂芬·罗宾逊在航天

飞机 STS－114 任务期间太空行走

彩插 7－3　2011 年 7 月“亚特兰蒂斯”号正式退役

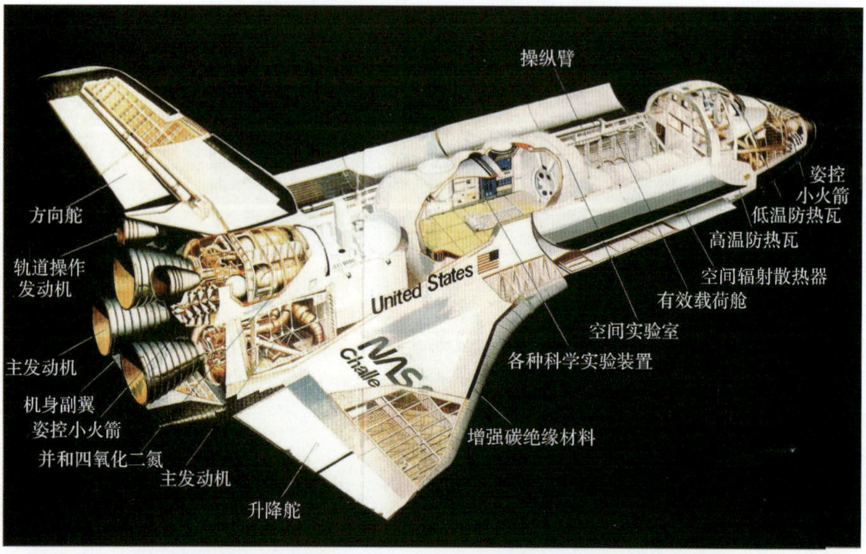

彩插 7-4　航天飞机结构图

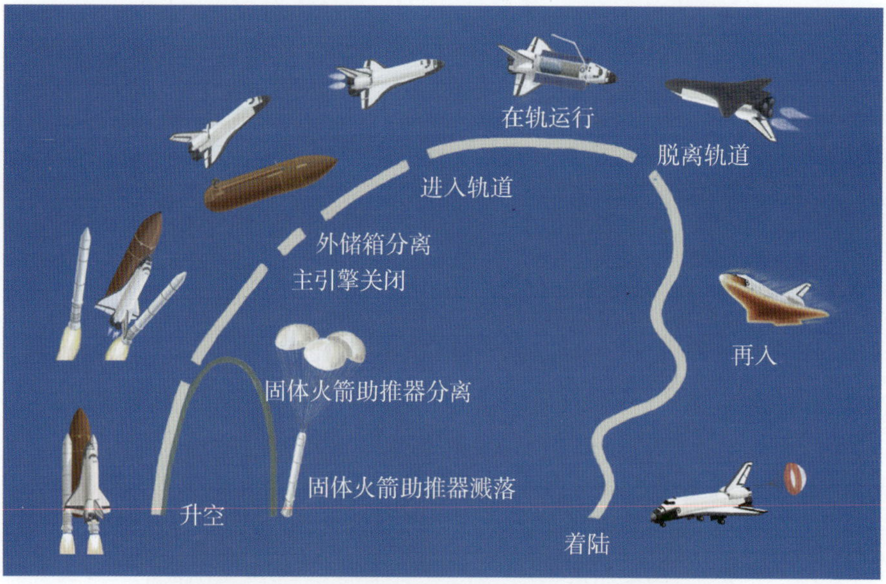

彩插 7-5　航天飞机飞行任务过程

彩插 8-1　第一个空间站实验舱——美国“命运”号实验舱

彩插 8-2　第二个空间实验舱——“哥伦布”实验舱发射

彩插 8-3　国际空间站最大的实验室——日本“希望”号实验舱

彩插 8-4　在“希望”号实验舱放飞小卫星

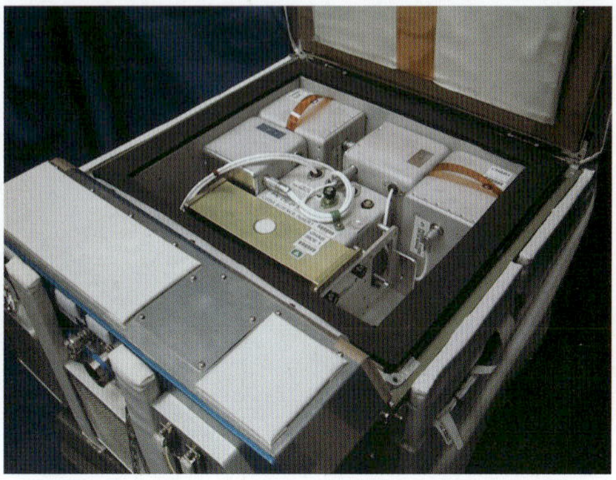

彩插 8-5　国际空间站的“商用生物实验装置”

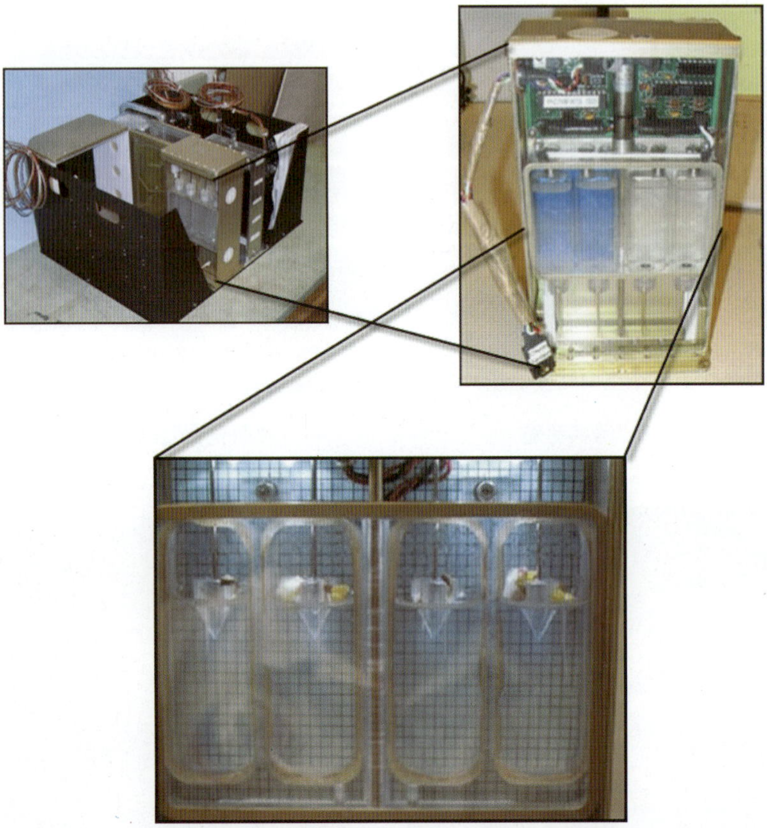

彩插 8－6　太空种子发芽实验的苗圃园

彩插 8－7　国际空间站的航天员将苗圃园放到商用生物处理装置

彩插 10－1　飞往月球、火星甚至登陆小行星的“猎户座”3 号飞船方案

彩插 10－2　新一代载人航天器——“猎户座”深空飞船

彩插 10－3　表面布满巨型活火山和熔岩湖的木卫一

彩插 10－4　布满大量冰壳裂痕的木卫二

彩插 10－5　“卡西尼”号土星探测器

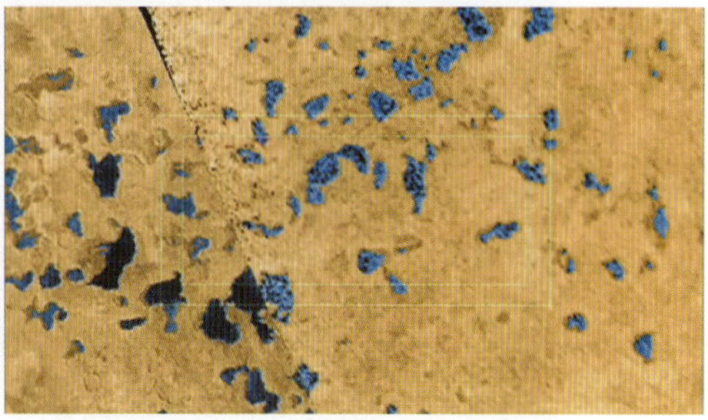

彩插 10－6　土卫六上众多的甲烷湖泊

彩插 10－7　开普勒空间望远镜在轨示意图

彩插 10－8　“旅行者”1 号探测器

彩插 10－9　开普勒空间望远镜巡视天区